环保进行时丛书

环保旅游中的点点滴滴

HUANBAO LÜYOU ZHONG DE DIANDIAN DIDI

主编：张海君

花山文艺出版社

河北·石家庄

图书在版编目（CIP）数据

环保旅游中的点点滴滴 / 张海君主编. —石家庄 ：
花山文艺出版社，2013.4（2022.3重印）
（环保进行时丛书）
ISBN 978-7-5511-0941-3

Ⅰ.①环… Ⅱ.①张… Ⅲ.①环境保护—青年读物②
环境保护—少年读物 Ⅳ.①X-49

中国版本图书馆CIP数据核字(2013)第081155号

丛 书 名：环保进行时丛书
书 名：环保旅游中的点点滴滴
主 编：张海君

责任编辑：梁东方
封面设计：慧敏书装
美术编辑：胡彤亮
出版发行：花山文艺出版社（邮政编码：050061）
      （河北省石家庄市友谊北大街 330号）
销售热线：0311-88643221
传 真：0311-88643234
印 刷：北京一鑫印务有限责任公司
经 销：新华书店
开 本：880×1230 1/16
印 张：10
字 数：160千字
版 次：2013年5月第1版
      2022年3月第2次印刷
书 号：ISBN 978-7-5511-0941-3
定 价：38.00元

目　录

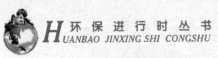

环
保
旅
游
中
的
点
点
滴
滴

目　录

第一章

保护生态，绿色旅游

一、世界环境日和"地球日"

世界环境日的由来

20世纪60年代，随着各国环境保护运动的深入，环境问题已成为重大社会问题，一些跨越国界的环境问题频繁出现，环境问题和环境保护逐步进入国际社会生活的讨论范围。

1972年6月5日—16日，联合国在瑞典的斯德哥尔摩召开人类环境会议，来自113个国家的政府代表和民间人士，就世界当代环境问题以及保护全球环境战略等问题进行了研讨，制定了《联合国人类环境会议宣言》和109条建议的保护全球环境的"行动计划"，提出了7个共同观点和26项共同原则，以鼓舞和指导世界各国人民保持和改善人类环境，并建议将此大会的开幕日定为"世界环境日"。

1972年10月，第27届联合国大会通过决议，将6月5日定为"世界环境日"。联合国根据当年的世界主要环境问题及环境热点，有针对性地制定每年的"世界环境日"的主

世界环境日宣传

第一章 保护生态，绿色旅游

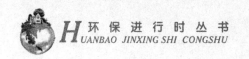

环保旅游中的点点滴滴

题。联合国系统和各国政府，每年都在这一天开展各种活动，宣传保护和改善人类环境的重要性；联合国环境规划署同时发表《环境现状的年度报告书》，并召开表彰"全球500佳"国际会议。

"地球日"

每年的4月22日，是"世界地球日"。世界地球日活动起源于美国。1970年4月22日，美国首次举行了声势浩大的"地球日"活动。这标志着美国环保运动的崛起，同时促使美国政府采取了一些治理环境污染的措施。

作为人类现代环保运动的开端，"地球日"活动推动了多个国家环境法规的建立。1990年4月22日，全世界140多个国家和地区同时在

世界地球日

各地举行了各种各样的宣传活动，主题是如何改善全球整体环境。这项活动得到了联合国的首肯，此后，每年的4月22日，被确定为"世界地球日"

世界地球日活动举办，旨在唤起人类爱护地球、保护家园的意识，促进资源开发与环境保护协调发展。世界地球日每年都设有国际统一的特定主题，它的总主题始终是"只有一个地球"。从20世纪90年代起，中国每年4月22日都举办世界地球日宣传活动，并根据当年的情况确定活动的主题。

地球是人类的共同家园。然而，近几十年来，人类在最大限度地从自然界获得各种资源的同时，也以前所未有的速度破坏着地球生态环境，全球气候和环境因此急剧变化。统计表明：自1860年有气象仪器观测记录以来，全球年平均温度升高了0.6摄氏度，最暖的13个年份，出现在1983年以后。20世纪80年代，全球每年受灾害影响的人数平均为1.47亿，而到了20世纪90年代，这一数字上升到2.11亿。自然环境的恶化，也严重威胁着地球上的野生物种。如今，全球2%的鸟类和1/4的哺乳动物濒临灭绝。过度捕捞，已导致三分之一的鱼类资源枯竭。

近年来，随着环保意识的普及与加强，国际社会正逐步采取相关措施，保护地球环境，并初见成效。2000年制定的《联合国千年宣言》，将环境保护问题纳入其中。2005年2月16日，旨在控制温室气体排放的《京都议定书》正式生效，标志着人类在控制全球环境方面迈出了一大步。此外，一些民间环境保护团体也日趋活跃，成为政府之外保护环境的一支主力军。

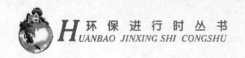
 二、环境质量标准，你知道多少

环境质量标准的制定

国家标准，是适用于全国的标准。我国幅员辽阔，人口众多，各地区对环境质量要求都不相同，各地工业发展水平、技术水平和构成污染的状况、类别、数量等也不相同，环境中稀释扩散和自净能力也不一样，完全执行国家质量标准和排放标准是不适宜的。

保护环境

为了更好地控制和治理环境污染，结合当地的地理特点、水文气象条件、经济技术水平、工业布局、人口密度等因素进行全面规划，综合平衡，划分区域和质量等级，提出实现环境质量要求，同时增加或补充国家标准中未规定的当地主要污染物的项目及容许浓度，有助于治理污染，保护和改善环境。

省人民政府对国家污染物排放标准中未作规定的项目，可以制定地方污染物排放标准，对国家已规定的项目，可以制定严于国家规定的污染物排放标准，并报国家环保总局备案。凡是向已有地方污染物排放标准的区域排放污染物的，应当执行地方污染物排放标准。

在1992年6月3日和6月14日这两天中，170多个国家代表，其中包括100多个国家的元首和重要的政府首脑，从繁忙的工作中抽身，聚集在巴西的里约热内卢，参加联合国环境与发展大会。这已充分说明人类对地球环境的高度重视。大家一致认为：未来人类的最大威胁，是来自于环境污染所带来的灾难。环保专家特别指出，比较集中的环境问题包括：①沙漠化日益严重。每年大约包括60万平方千米的农田被沙漠化，世界的荒漠面积占陆地面积的20%。②森林遭到人类的严重破坏。每年大约有15万平方千米的森林因人类破坏而消失，世界森林面积覆盖率从66.7%降到22%。③动物生存的环境日益恶劣。目前已知物种大约有500多万种，其中20%动物濒临绝种，比自身的灭绝速度增加了1000倍。④世界人口量猛增。1830年到1930年，100年中人口增长了10亿；1930年到1962年，32年中人口增长了10亿；1962年到1975年，13年中人口增长了大约10亿；1975年到1987年，12年中人口增长了大约10亿；1987年至1999年，11年间人口增长了大约10亿。⑤人类生活的水资源十分缺乏。由于水资源的时空分布十分不平衡和现代人对水的污染，造成了"水荒"，使世界上70%以上的地区和居民生活用水困难。⑥环境的恶化迅速且严重。

各种不同污染，使全世界出现了不计其数的环境难民，造成每分钟都有几十人死亡。

人类只有一个地球，已达成共识，人类召开地球会议，采取各种各样的措施已经势在必行了。

为什么要进行环境监测管理

环境监测管理，是对环境监测整个过程进行的全面管理。内容包括监测样品管理、监测方法管理、监测数据管理和监测网络管理。环境监测的目的是进一步确保环境监测为环境管理提供及时、准确、可靠的决策依据。

环境监测是间断或连续地测定环境中污染物的种类、数量和浓度，观察、分析其变化和对环境影响的过程。根据我国《全国环境监测管理条例》的规定，环境监测的主要任务是：对环境中各项要素进行经常性监测，掌握和评价环境质量状况及发展趋势；对各有关单位排放污染物的情况进行监视性监测；为政府有关部门执行各项环境法规、标准，全面开发环境管理工作，提供准确、可靠的监测数据和资料。

环境监测是环境保护的基础，是环境管理执法体系的重要组成部分，被喻为"环境战线的耳目和哨兵"、"定量管理的尺子"。

没有环境监测，环境管理只能是盲目的，科学化、定量化的环境管理便是一句空话。环境监测管理是确保环境监测高质量、高效率地为环境管理服务的根本措施。正因为环境监测对环境管理具有非常重要的作用，所以必须对环境监测进行科学管理，以保证环境监测为环境管理提供优质高效的服务。

三、绿色旅游，国际旅游的潮流

国际组织，特别是旅游方面的国际组织、国际旅游企业以及许多国家都从各自的角度，经过不懈的努力，对世界旅游业的绿色发展做出了自己的贡献。

可持续发展、绿色消费与管理是20世纪90年代才显现的，而且首先在西方发达国家形成绿色运动。回顾世界旅游业的历史，我们发现旅游业从大众旅游时代到来的时候就融入了某种可持续理念，而且越来越明确和强化。

第21届联合国大会指定1967年为国际旅游年，这可视为旅游业被国际社会关注的标志。会上就"旅游是人类活动中基本合乎需要的一项活

美丽环境

动，应受到所有人和所有政府的赞誉和鼓励"达成共识。世界贸易组织意识到旅游对世界各国及其人民的重要性，为此从1980年以来，每年为世界旅游日确定一个主题。

1980年　旅游为保存文化遗产、为和平及相互了解做贡献

1981年　旅游促进生活质量提高

1982年　旅游的骄傲：做文明的客人、文明的主人

1983年　旅游和度假是所有人的一种权利，也是一种责任

1984年　旅游为国际谅解、和平与合作服务

1985年　开展青年旅游，文化和历史遗产，为和平与友谊服务

1986年　旅游，世界和平的促进力量

1987年　旅游促进发展

墨西哥城

1988年　旅游从中获取教益

1989年　自由旅行，促成世界一家

1990年　旅游未获认识的产业，有待开发的服务

1991年　通讯、信息和教育，旅游发展的动力

1992年　旅游是促进社会经济一体化和增进各国人民了解的途径

1193年　争取旅游发展与环境保持的永久和谐

1994年　高质量的员工，高质量的服务，高质量的旅游

1995年　世界旅游组织——为世界旅游服务20年

1996年　旅游业——宽容与和平的因素

1997年　旅游业——21世纪创造就业与保护环境的引导产业

1998年　政府与企业的伙伴关系：旅游开发与促销的关键

2000年　技术与自然：21世纪旅游业面临的双重挑战

这些主题，贯穿了浓厚的可持续发展理念，其中心基本集中在以下几方面：遗产与环境保护、促进经济与世界和平发展、促进人们生活质量与素质提高、增进人类的相互了解与平等相待、增强政府与企业对旅游发展的责任。

1982年，墨西哥旅游大会指出，成功的旅游业必须具备以下五个标志：①促进旅游地社会经济的健康、协调发展；②有助于旅游地居民的物质文化生活水平的提高；③旅游地的环境和民族历史文化遗产得到保护；④旅游地的基础设施得以改善；⑤不仅为旅游者，同时为当地居民提供优良的服务。当时所认为的成功的旅游业的实质内容完全符合可持

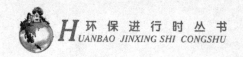
续旅游最本质的含义，涉及旅游为当地社会经济应做出健康、协调发展的贡献、保护环境和民族历史遗产，以及当地居民平等享有旅游业所带来的利益等内容。

1985年9月，世界旅游组织在保加利亚首都索菲亚颁布的《旅游权利法案和旅游者法规》，也非常重视可持续发展内容。在第三章第五条款中要求各国政府"为了当代人和后代人的利益，保护包括人文、自然、社会、文化的旅游环境"，体现了旅游权利的代际公平。第六章第二条明文指出，"接待地居民有权自由使用他们自己的旅游资源，通过他们的方式和行动增强对自然资源和文化环境的尊重"；第十章第二条第二款要求旅游者"不要强调与当地居民在经济、社会和文化的差异"。后两者蕴涵了旅游者与东道社区居民相互尊重和平等对待自己文化的含义。

1989年4月，世界旅游组织为继续唤起各国议会高度重视旅游业及其发展，与各国议会联盟协商后在荷兰海牙举行旅游问题各国议会联盟大会，发表了《关于旅游问题的海牙宣言》，提出了各国发展旅游的10项原则，其中原则三为"旅游业可持续发展原则"。原则认为以下措施能推进旅游业可持续发展：①教育国内外旅游者"维护、保护并尊重其旅游地区的自然、文化及人际环境"；②"确定并确保不超过旅游点的承受能力"；③高峰期限制进入人数；④制定"发展旅游业的综合规划"；⑤力争使发展旅游业的计划特别关注保护环境；⑥设计别具特色的活动项目，使旅游者与当地居民加强联系和相互理解，进行文化交流并维护当地文化特性。同年6月2日，世界旅游组织秘书长在向联合国大会和经社理事会第二届常委会就《海牙宣言》的有关原则作总结说明时强调，"自然资源是吸引旅游最根本的力量"，旅游业与环境"应并重兼顾"，所以对旅游资源的利用"不能不加以控制，否则将可能造成质量下降，甚至造成毁灭"，"旅游业的已知影响，大都是地方性和区域性的，对全球环境的累积影响还是未知数"。

世界旅游组织在1990年提倡全球各国"为旅游而保持清洁的海滩"。为指导全球旅游业能按绿色道路发展，又制定了《国家公园和保护区布局指导》、《区域规划者指南：适度旅游发展》、《旅游点发展的整体方案》等。世界旅游组织还与联合国教科文组织和联合国环境规划署编制了《世界遗产点环境管理手册》。

1990年在加拿大温哥华举行的"90全球可持续发展大会"上，旅游组织策划委员会提出了旅游业可持续发展行动战略草案，从国家和地区的角度提出旅游业可持续的目标、政策、措施以及政府和企业的任务，其目标是：①增进人们对旅游所产生的环境效益与经济效益

海牙

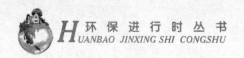
的理解，强化其生态意识；②促进旅游的公平发展；③改善旅游接待地的生活质量；④向旅游者提供高质量的旅游经历；⑤保护未来旅游开发赖以生存的环境质量。

世界旅游理事会环境研究中心于1992年发表了《世界旅游环境评论》，并与世界保护联合会、国际环境法理事会联合举办了由国际高级法律专家参加的"遗产保护"大会。1992年联合国环境与发展大会在巴西里约热内卢召开并通过《21世纪议程》，该文件共有7处直接涉及旅游业。1995年4月24日至28日，世界旅游组织、联合国教科文组织、环境规划署等在西班牙加那利群岛的兰沙罗特岛召开了"可持续旅游发展世界会议"，包括中国在内的75个国家和地区的600多位代表出席了会议。会议最后通过了《可持续旅游发展宪章》及其附件《可持续旅游发展行动计划》。《宪章》指出：旅游具有两重性：一方面旅游能够促进社会经济和

加那利群岛

文化的发展，另一方面也加剧了环境的损耗和地方特色的消失，对此应该采用综合的方法进行探讨。《行动计划》提出了具体的行动方针，并推荐了一些特殊方法，以便克服工作中的障碍，促进旅游与可持续战略相结合。《行动计划》指出：旅游发展计划应与国家环境政策相协调，要充分发挥旅游保护文化遗产的潜力。根据《宪章》和《行动计划》精神，可持续旅游发展应从理论上、实践上解析三大均衡关系：一是旅游与生态的均衡关系；二是旅游与资源的均衡关系；三是旅游企业行为与政府宏观管理的均衡关系。会议推荐优先的可持续旅游发展应为小岛屿、沿海地区、高山地区和历史名城。中国代表在会上以《开展国际旅游合作，共同为旅游可持续发展做贡献》为题作了书面发言。

1997年5月在菲律宾首都马尼拉召开了"关于旅游业社会影响的世界旅游领导人会议"，并于5月22日通过了《关于旅游业社会影响的马尼拉宣言》。1997年6月的联合国大会第九次特别会议上，首次公布了由世界旅游组织、世界旅游理事会和地球理事会联合制定的《关于旅游业的21世纪议程——实现与环境相适应的可持续发展》。这是全球旅游业实施《21世纪议程》的行动纲领。它认为："旅游业在保护自然与文化资源中受益，而这些资源正是这个产业的核心，而且，旅游业也有条件保护这些资源。旅游业作为世界上最大的产业，有能力取得环境和社会、经济方面的巨大改善，能为其所在社区与国家的可持续发展做出重大的贡献。为了发挥这一潜能并保证取得未来长期的发展，各国政府和各个部门需要采取一致的行动。"文件分上下两篇，上篇在简要分析《21世纪议程》和旅游业在实现其目标中可以发挥作用的基础上，强调政府、旅游业和其他组织之间合作伙伴关系的重要性，以及旅游业战略上和经济上的重要性，强调应该使整个旅游产业得以可持续发展，而不仅仅关注生态旅游所能获得的巨大利益。下篇是有关行动纲领。

国际旅游者联盟主席布拉肯布曾明确指出，环境保护是旅游业可持续发展的根本保证。世界饭店协会与美国运通公司合作，从1991年起每年举办一次环境奖，专门表彰那些为保护生态环境做出贡献的度假村、饭店等单位。

1998年的联合国第十九届特别会议首次将可持续旅游业列入联合国可持续发展议程，充分表明了国际社会对旅游业可持续发展的高度重视与关注，并将2002年确定为生态旅游年。

世界各地的区域性旅游组织也在各自的职权范围内积极推进本区域旅游业的可持续发展，开展了卓有成效的绿色管理。如亚太旅游业协会1999年8月23—25日在中国香港召开的第五届年会上，对旅游业可持续发展进行了更为深入的探讨。

旅游业能否绿色发展同

美丽的马尼拉

样引起各种政治性区域组织的高度重视。原欧洲共同体环境委员会制定法规，规定各成员国在发展旅游的同时，必须保护环境，如乡村、山区、海岛和历史文化中心等世界旅游组织推荐优先实施可持续旅游发展的区域，并发表了绿皮书。各成员国环境部长还联合制定了有关环保工作的6项规定，其中两条与旅游有关：第一要求环境保护结合到旅游开发中；第二要求当地政府和景区使用经济手段，如税收，以保证自然资源的持续利用，搞旅游要有长远的考虑，绝不能急功近利，短期行为。

1998年10月14—18日，亚太议员环发会议第六届年会在中国桂林召开，与会议员深入讨论了亚太地区环境和资源保护及旅游业可持续发展所面临的挑战及有关的战略行动，达成一系列重要共识，发表了《桂林宣言》。宣言涉及亚太地区旅游资源在世界的地位，旅游业对本地区社会经济的重要性，法律与科学规划在旅游业持续发展中的作用，同时表达了对亚太地区旅游环境

海南岛风光

恶化的忧虑和关注，认为"旅游业经营者、旅游者都有责任与义务保护自然资源和环境，保护各种文化遗产，采取自觉行动，积极推进旅游业沿着可持续发展轨道继续发展"。各国议员还发出了10项呼吁与督促有关各国切实采取行动的诺言。

 ## 四、不可不知的国外绿色旅游业

一般认为，旅游绿色消费起源于西方发达国家，而对旅游目的地进行绿色管理却萌芽于发展中国家，首先在肯尼亚和哥斯达黎加等国兴起。起因是狩猎旅游导致自然保护区动物数量急剧减少，种群受到影响，另一方面是大量游客造成了严重的环境污染，所以其萌芽也是被迫性的。绿色旅游管理一般与国家发展水平一致，所以德国、美国、加拿大和澳大利亚、日本等国家的旅游业绿色管理的现状较好。

1872年3月1日，美国国会

美国黄石公园

通过法案，建立黄石国家公园，规定黄石地区"自此在美国法律下予以保存，不得开垦、占据或买卖。为了人民的福祉与享受，划定为公众公园"，这就是国家公园的由来。国家公园的建立，是美国人民的一大创举，它对于保护环境和人类赖以生存的家园发挥了重要作用。100多年来，世界上已有124个国家建立了2600多个国家公园，其总面积约占地球陆地总面积的2.6%。国家公园事业已经成为全人类普遍认同的文明社会的公益事业。美国国家公园宗旨明确，工作目标和任务主要有两方面：一是严格保护国家公园的资源和环境；二是向公众，尤其是青少年进行科学、文化知识教育，培养人们的爱国热情和自豪感。

1916年，美国国会立法规定："要把国家公园内的天然风景、自然变迁遗迹、野生动物和历史古迹，按原有景观，世世代代保护下去，使其不受破坏。"

美国每年向公园系统拨款17亿美元，用于各项保护和建设工作；300多处国家公园中有120处对游人收门票，总收入约1.4亿美元，门票收入的80%留给公园，20%上交国家公园管理局；此外还有私人和商业企业的赞助，国家公园内商业服务上交政府的税收1.5%返回给国家公园。每年约有9万名志愿者为公园义务服务。

另外，美国的饭店业推行了"绿色印章"活动。

澳大利亚也是一个非常重视旅游业绿色管理的国家。旅游业既然是以自然界为基础的，那么就应该对自然界负责，在旅游过程中就应该懂得如何去爱护自然、保护生态，就要对自己造成的污染做妥善处理。为此，第

环
保
旅
游
中
的
点
点
滴
滴

一，要求旅游者无论到哪里观光游览，都必须先到"游人中心"去接受观光前的教育。管理者在这里告知你当地的一些基本情况，游览时必须注意的事项以及当地可以为你提供一些什么样的服务等。第二，风景游览地设置专门的研究机构。比如在悉尼的塔龙佳动物园设立了澳大利亚野生动物保护培训中心，研究课题十分广泛，有研究保护生态环境的，有研究废物处理和再生利用的，还有研究动植物的回归自然和保护当地濒危物种的，以及研究开发可持续发展的能源等项目。第三，国家拨款、志愿者参与管理，严禁破坏建设。比如格莱莫吉恩斯国家公园是一个1900平方千米面积的大公园，但其工作人员仅有7名正式工和7名临时工。旺季则有200多名志愿者前来无偿参与各项服务。公园内除游览道路和少量的宿营地外，不搞任何影响生态的建设。第四，对游客进行绿色管理。在格莱莫吉恩斯国家公园，要求游客带走自己产生的废弃物。汽车上的废弃物，乘客们也

一律得自己带到指定的地点处理掉。在黄金海岸，游客临走要刷掉鞋底的砂粒，使之永存于

菲利普岛的企鹅

这片美丽的海滩。在以小企鹅闻名的菲力普岛旅游时，游客必须遵守两条规定：一是必须沿着管理部门铺设的木地板到海滩去观光；二是在小企鹅归巢时，不得使用闪光灯摄影。其目的就是不要破坏企鹅的栖息环境，不使企鹅归巢时受到惊吓，以利于企鹅繁殖地的保护和企鹅种群的发展。

为适应绿色旅游的发展需要，澳大利亚颁布"国家生态旅游战略"，旅游主管部门制定了一套生态旅游行业标准，用以衡量生态旅游企业的人员素质、服务质量和对环境的影响，导游必须经过专门的生态环保知识的培训。旅行社向游客颁发注意事项，如未经许可不准带走自然物品和怎样处理废弃垃圾等。

加拿大除像美国和澳大利亚那样进行了卓有成效的绿色管理外，在绿色管理理论研究方面一直走在世界前列。按照可持续发展战略，旅游资源的价值需要重新评估，旅游业发展的影响也应客观、公正、全面评估，这完全不同于传统的核算体系。为此，加拿大政府组织专家研究并应用了旅游卫星账户，试图通过建立一套虚拟的国民账户，反映旅游业活动的全景。同时，加拿大还成立了旅游资源理事会，该组织用8年时间对加拿大8个主要旅游部门——住宿、食品与酒类、活动与会议、景点、旅行社、交通、探险旅游和户外娱乐、旅游服务的关键岗位制定出了四套国家标准。加拿大国家旅游局强调可持续旅游发展是"导致一种方式管理所有的资源，在这种方式下，在维持文化完整、基本生态进程、生物多样化和生命保障系统的同时，可以满足经济、社会与审美的需要"。1995年，加拿大全国饭店协会委托泰勒乔斯环境服务公司制定了世界上第一部饭店业的

第一章 保护生态，绿色旅游

"绿色"分级评定标准，主要从设施设备和经营管理两大方面考察饭店在节约水资源和降低能耗、废弃物的循环利用、危害自然环境物质的使用程度等方面的状况，对饭店加以评分，而后授予由低到高的一至五叶铜牌。1930年，加拿大政府制定了国家公园法案，法案规定："国家公园是加拿大全体人民获得享受、接受教育、欣赏娱乐的乐园，它应该得到精心保护和利用，并完整无损地传给我们的后代。"20世纪60年代又实施了一套国家公园选定办法。

绿色管理是一种具有广泛民众参与的管理，同时也起着传播可持续发展理念的作用。为此，加拿大国家公园管理局于1982年借为斑夫、约荷、柯坦纳和贾斯坦四个公园重新规划之时，对出现的以下三种意见进行民意调查：①侧重于充分保护这些公园的原始自然特征；②充分利用现有旅游服务设施满足日益增长的游人的需要；③增加娱乐项目以适应游人的需要。调查结果表明，50%的人赞成第一种方案，三分之一的人赞成第二种方案，剩余的赞成第三种方案。结果决定在整体上不再做新的开发。1985年，借加拿大第一个国家公园——斑夫国家公园建园100周年庆典之机，为探讨保护和新的规划方法成立了"未来遗产协会"。这是一个由热爱大自然并具有一定专业知识的人组成的群众团体。它到全国各地举行讨论会，研究各省区必须加强保护的自然与文化资源，并为国家公园的进一步建设提供重要建议。

从生态旅游的发展历程看，一种是一些发达国家主动开展起来的，另一种是欠发达国家被迫进行的。一般认为，生态旅游最初是从欠发达国家开始的。其中非洲的肯尼亚和拉丁美洲的哥斯达黎加是先驱。由于大量

泰国

白人到肯尼亚进行狩猎旅游引起当地人强烈不满，肯尼亚政府于1977年宣布完全禁猎，1978年宣布野生动物的猎获物和产品交易为非法，提出"请用照相机来拍摄肯尼亚"的口号，现在每年生态旅游的收入高达3.5亿美元，成为当代生态旅游和旅游绿色管理做得最好的国家之一。哥斯达黎加因面临发展农业砍伐森林导致水土大量流失、土壤贫瘠等生态恶化现象，为谋求新的发展出路，将森林作为生态旅游资源而加以利用，国家对开展生态旅游活动制定了严格的法规，成立了专门的机构监督执行。1996年，泰国饭店业协会和泰国国家旅游局联手设立了"泰国旅游业环境保护促进局"，在全国饭店行业内逐步推广绿叶认证制度。

　　绿色旅游及旅游绿色管理越来越深入，许多国家都十分强调保护和非

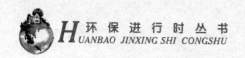
耗竭地利用旅游观光资源，探索绿色管理在整个旅游行业的实施运用，取得了令世人瞩目的成就。

 ## 五、国际旅游企业绿色管理的兴起

20世纪80年代末期90年代初期，世界一些著名饭店意识到饭店绿色管理的意义，开始了绿色管理尝试。如内陆酒店集团在1988—1995年开展了绿色管理，减少成本达27%；雅高集团为其旗下的2400家酒店制定了《雅高酒店管理环保指南》，全面开展环境管理工作。1991年，"威尔士王子商业领导论坛"创建了"国际饭店环境倡议"机构，由英国查尔斯王子任主席，世界11个著名饭店管理集团组成一个委员会，它们是雅高、福特、希尔顿、假日国际集团、洲际饭店集团、喜来登、康来特、国际饭店集团、玛丽奥特、梅丽丁、雷蒙达、奥尼国际饭店集团等。后来香格里拉集团也加入了这一组织。随后，来自国际饭店连锁组织的资深人士共同提议成立了非营利性组织"国际饭店绿色管理协会"，其宗旨是帮助所有饭店加强对环境的重视及管理，并保持饭店行业在国际环境保护方面的重要地位。

1993年，查尔斯王子倡议召开了饭店环境保护国际会议，通过了由上述王子国际饭店集团签署的倡议，并出版了《饭店环境管理》一书，旨在指导饭店业实施环保计划，改进生态环境工作，加强国际合作，交流饭店环保工作的经验及有关信息，促进政府、社区、行业以及从业人员对饭店环境保护达成共识，付诸实践。

悉尼歌剧院

1998年12月，国际酒店与餐馆协会第36届年会在马尼拉召开，澳大利亚悉尼洲际酒店的总工程师安迪　哥涅西斯卡拉和土耳其奥尔达俱乐部总经理伯肯博士荣获一年一度的"环境奖"。这次奖项的重点是水资源和能源的节约，这标志着以环境保护和节约资源为核心的"绿色管理"已成为全球酒店业共同关注的大事。

另外，国际上众多国家的旅游企业还遵循ISO14000精神，进行企业的绿色管理改造，取得绿色标志，进行企业绿色形象的新营销。

 六、我国的绿色旅游

旅游业作为我国最早对外开放的行业部门之一，其资源怎样开发、

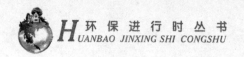
环
保
旅
游
中
的
点
点
滴
滴

利用和保护，以及可能对国家社会经济生活、传统文化的影响如何，一开始就受到各级政府的重视，也是学者长久关注的焦点。在怎样处理开发、利用和保护方面，我国许多法律法规都有涉及，整体都坚持在保护的前提下开发利用。这些法律法规主要有《中华人民共和国宪法》、《中华人民共和国环境保护法》、《森林法》、《草原法》、《海洋环境保护怯》、《城市绿色园林管理暂行条例》等，但主要集中在《风景名胜区管理暂行条例》、《中华人民共和国文物保护法》。在中国旅游业绿色发展之路上，学者始终是先觉者、呼吁者、积极倡导者。在旅游业作为经济性产业开发的相当长的时期，从一定意义上讲，他们"处于政府的对立面"，对存在的严重破坏性开发，他们痛心疾首，甚至联名上书中央领导，要求制止地方政府和开发商的破坏行为，最突出的例子是对长城八达岭的开发、泰山索道建设等问题。1989年凤存荣等21位专家签名紧急呼吁：停建长城景观，停建八达岭长城。泰山索道建设造成大量景观被破坏一事被反映到中央，有关领导批示要求按专家的意见处理，但终未照办，并于1983年建成投入使用，开我国风景名胜区索道建设的先河。面对20世纪80年代西方发达国家兴起的"回归大自然"等绿色旅游，对比我国旅游开发状况，专家们更感到有必要科学地处理我国旅游业发展与保护的关系。所以，我国绿色旅游管理，是绿色旅游研究先于绿色旅游管理实践。

据有关文献检索结果，刘振礼在1989年较早注意了有关问题的研究。在他倡议下，中国环境科学学会、《中国旅游报》和北京旅游学会于1989年联合举行了"旅游与环境学术研讨会"；遗憾的是倡议者因公未与会，提交的大会论文《旅游环境概念及其他——试论旅游与环境的辩证关系》发表于《旅游学刊》 1989年第4期。文中系统地阐述了"旅游环境的概念和特点"、"旅游与环境的辩证关系"等内容。文章在论述客源地环境与旅游环境的关系时引用了一个国际上的例子：据德国旅游界人士调查，该国旅游者76%的人是为了追求在不受干扰的、清洁无污染的环境中无忧无虑的度假，所以"回归自然"的口号日益深入人心，度假旅游已占很高比例，森林浴、滑草、"绿色旅游"等新旅游项目大有发展，也出现了"哪里植物萎缩，哪里的旅游业必然萧条的现象"。"绿色旅游"的概念从此也出现在中国。《旅游对接待地的社会影响及对策》、《再论旅游对接待地的社会文化影响》，两文分别在对野山坡旅游实践调查的基础上写成，就旅游对接待地的社会影响进行

八达岭长城

第一章 保护生态，绿色旅游

了定量分析。以后涉及旅游对环境及社会的影响研究的还有梁灿忠、申葆嘉、陈仙波、杜炜、徐军等人。

张践在介绍《世界旅游业的原则》时首次明确地引进了"旅游业持续原则"。《理论界》1990年第4期发表了阳国亮、伍华梅的《论我国旅游业适度发展》一文。这应是我国最早探索旅游业可持续发展的研究成果之一。文中定义旅游业适度发展就是要求旅游业的发展与经济社会发展水平相适应，要求旅游业各种内外条件的相应发展。认为旅游业适度发展的主要标志有稳定性、协调性、效益性和优质性。显然，其旅游业适度发展的概念与旅游业可持续发展的含义不完全一致。

对我国旅游业可持续发展的理论与实践有重要影响的研究是谢彦君在《旅游学刊》1994年第1期上发表的《永续旅游：新观念、新课题、新挑战》一文。该文对可持续旅游产业的背景、概念含义、实现途径和中国旅游业面临的新挑战进行了较系统深刻的分析。张广瑞在介绍国际可持续旅游发展方面，特别是世界旅游组织的旅游可持续发展文件方面做了大量工作。

在绿色旅游产品开发方面，凌中论述了我国乡村旅游资源的开发，并认为乡村旅游堪称中国旅游百花园中的"绿叶"。夏林根、扬旭感到"开发乡村旅游势在必行"，认为发展乡村旅游依靠的是典型的生态、主体农业，"乡村旅游区"是无污染的绿色区。孙根华《论我国自然保护区的生态旅游业开发》是较早探讨生态旅游形式的论文，1998年又对生态旅游的开发模式进行了探讨。夏林根则在海峡两岸学者"人文、生态、旅游学术研讨会"上提出了"旅游生态资源化"的战略。1998年以后，生态旅游在国内大有代替"可持续旅游"之势，这和我国1996年要求各级政府在"九五"规划中正式列入可持续发展战略并实施有关。更直接的原因是"98中国城乡游"和"99年生态游"的推动。倪强综述了前几年来国内生态旅游的研究情况。王兵关注从中外乡村旅游的现状对比看我国乡村旅游的未来，李东和对国际生态旅游市场进行分析总结。张广瑞分析了生态旅游的理论与实践，对生态旅游与可持续旅游的关系作了分析，明确说明生态旅游不等于可持续旅游。戴新环的《创建绿色饭店的构想》，袁国宏的《论我国饭店实施饭店绿色营销的现状任务和发展趋势》，张楠与武建国的《透析饭店可持续发展的优化模式与有效机制》，袁国宏、

张家界风景

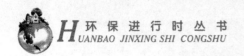

陈纲的《我国饭店业可持续发展探讨》涉及饭店绿色管理。孙春华、何佳梅的《旅行社经营生态化问题研究》，第一次涉及旅行社的绿色管理问题。李萌、何春萍的《游客不文明旅游行为初探》则第一次涉及我国旅游绿色消费问题。此外，还有陶伟"中国世界遗产"的可持续发展研究。至此，构成了一个比较完整的涉及旅游产品、旅游目的地、企业的绿色管理的研究框架。

在可持续旅游理论建设方面，主要有：马勇、董观志的《区域旅游可持续发展潜力模型研究》、崔凤军等的《区域旅游可持续发展评价指标体系的初步研究》、王德利的《试论旅游环境资源计价》、丁培毅与乔磊的《介绍一种对旅游业环境进行评估的新方法》、马莉的《ISO14000推动中国旅游业绿色高潮》、司金銮的《中国可持续旅游消费理论问题探讨》

桂林风景

乌镇

等。这些成果表明我国旅游业绿色管理研究更加深入发展。

1996年，国家自然科学基金会正式批准"中国旅游业可持续发展理论基础宏观配置体系研究"为"九五"国家重点研究课题，成为旅游学科中第一个国家级重点课题。2000年初，北京旅游学院科研所在《旅游学刊》编辑部的支持下，邀请来自全国20个单位的138位从事旅游教学科研、业界实际工作和主管机关管理工作的专家，召开了一次名为"旅游研究前沿课题审题研讨会"的全国性的小型会议。专家通过交流，慎重考虑评分后列出了我国新世纪旅游前沿课题：

(1)中国旅游业的可持续发展战略

(2)中国旅游立法问题研究

(3)我国20年来旅游运行、教育和旅游科研的回顾与前瞻

(4)加入世贸组织后，中国旅游业所面临的竞争格局研究

(5)旅游基础理论概念

(6)旅游业社会贡献的数字分析

(7)关于适应21世纪的旅游人才的开发战略

(8)旅游文化的影响研究

(9)我国即将启动的中西部开发中的旅游发展战略

(10)中国旅游业的全面创新研究

(11)我国旅游市场发育程度的研究

这充分表明可持续发展、旅游业绿色管理仍是我国新世纪的研究热点和战略性的研究课题，它将统率我国整个旅游研究工作。

第二章

景区危机，你不愿意看到的事实

一、我们对大自然景观做了什么

无限美好的大自然是人类的母亲。她的丰腴赋予了我们生命和梦想，她的美好让生命绚丽多彩。

经济繁荣带来日益庞大的旅游"人潮"，美丽的自然风景让更多的人舒缓压力、赏心悦目。然而，过度旅游对自然造成的压力和威胁却给我们敲响了警钟。旅游交通所造成的温室气体排放给气候变化带来了巨大压力；旅游区的不断扩大，严重影响了野生动植物生长区域的自然环境，对生态造成不可挽回的破坏；丢弃垃圾、采摘、捕猎等失控的旅游行为，不但破坏了自然景观的美好，也加速了无数宝贵自然遗产的流失。

北极：10年后的夏季，这里可能是一片汪洋

在号称"冰火之土"的冰岛境内，冰河、温泉、间歇热泉、火山口、冰帽、熔岩荒漠、瀑布等天然景观众多，深受游客喜爱。北极圈内其他国家的冰雪美景也吸引各国游人。在这里，游人可以看到美丽的极光。对于热爱摄影的旅游者来说，这里有太多的美景奇观值得他们用镜头捕捉。

经过著名的德雷克海峡，你可以看到无数的海鸟，包括海燕。在狭窄的海湾后面有一个火山口形成的岛，中间是一个面积巨大的岛内湖，这里可谓是一个动物的天堂，各种动物在这种最原始的生态环境下自由自在地生活。

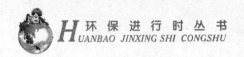
环保旅游中的点点滴滴

北极地区的冰山冰冠不断消融。在2004年到2005年期间，北极附近的永久冰层面积骤然减少了14%，约73万平方公里，大约是两个德国的国土面积。与过去的26年相比，2005年和2006年，海冰区域已经缩小了6%。有人猜测，到2013年，北冰洋上的冰雪将会全部消失。科学研究表明，到2040年或更早，北极在夏末将会无冰。整个北冰洋，包括北极地区将是一片汪洋。

大堡礁：这里只剩下100年的生命

由于过度捕鱼、沿海开发，污水、农药入海污染以及全球气候变暖，大堡礁这个世界最大的珊瑚礁区的珊瑚礁，将在2050年大量消失。珊瑚生长区的海水温度每提高一度，都会引起珊瑚褪色加速其死亡。如果等待珊瑚礁开始重新自然生成，恢复成现在的规模至少要200～500年左右。

大堡礁

除了珊瑚，这里还是成千上万种鱼的栖息地和鲸、海鸟、海龟的滋生地，是海豚最喜欢的嬉戏场所。大堡礁海域生活着大约1500种热带海洋鱼类，同时生活着四千多种棘皮动物和软体动物等其他海洋生物。某些濒临灭绝的动物物种(如人鱼和巨型绿龟)也栖息于此，它们具有极高的科学研究价值。

威尼斯：它正面临洪水威胁

威尼斯正面临着洪水的侵袭、地面下沉和环境污染等威胁，近年来曾发生过圣马可广场被洪水所淹的事件。威尼斯与亚得里亚海仅有一道沙堤相隔，海水回灌现象正威胁着威尼斯的存亡，更何况还有全球都面临的海平面上涨现象。

威尼斯有一条长4公里、宽30～60米的主运河，与177条支流相通，全城由118个小岛组成，城市里共有2300多条水巷。全城有教堂、钟楼、修道院、宫殿、博物馆等艺术及历史名胜450多处。文艺复兴时期，威尼斯是继佛罗伦萨和罗马之后的第三个中心。威尼斯共有120座各式教堂，40多座宫殿。最著名的

威尼斯

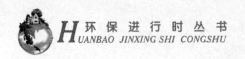
是圣马可广场。达尼埃里旅馆则是威尼斯历史悠久的宫殿型旅馆。1932年，威尼斯又创办了世界上第一个电影节——威尼斯国际电影节。

乞力马扎罗山：它的"雪帽"将在15年内被摘掉

乞力马扎罗山是非洲最高的山脉，素有"非洲屋脊"之称，而许多地理学家则喜欢称它为"非洲之王"。它距离赤道仅仅300多公里，顶部却终年覆盖冰雪。但是，全球变暖导致这座非洲最高峰山顶的终年积雪不断消融，专家预言，"雪帽"将在15年内被摘掉。

乞力马扎罗山的顶峰叫作Gilman's Point，高度5685米。标志牌的文字很醒目："你现在正站在非洲大陆之巅……"小说《乞力马扎罗的雪》描述道，在乞力马扎罗的山顶上有一只风干的猎豹，谁也不知道它为什么要到那里去。也许只有那只豹子才知道答案。

为什么要蜂拥到乞力马扎罗山呢? 也许只有想去的人才知道。每年12月到次年1月是去乞力马扎罗山观赏风景的黄金时期。在欣赏这座"赤道雪峰"独特地理外貌的同时，还可以看到非洲象、斑马、鸵鸟、长颈鹿、犀牛以及稀有的疣猴和蓝猴、阿拉伯羚、大角斑羚等。

乞力马扎罗山由林木线以上的所

乞力马扎罗山

有山区和穿过山地森林带的6个森林走廊组成。在漫长的登顶路上，风景会一直从热带雨林演变到冰河世纪。尽管乞力马扎罗山峰顶部终年布满冰雪，但在2000米以上、5000米以下的山腰部分，生长着茂密的森林，其中不少是非洲乃至世界上的名贵品种。2000米以下的山腰部分，气候温暖，雨水充沛。山脚部分，气候炎热，气温常在30℃以上。

海拔5895米的乞力马扎罗山是非洲第一高峰。乞力马扎罗山有两个主峰，一个叫基博，另一个叫马文济，两峰之间有一个十多公里长的马鞍形的山脊相连。这是世界各地的登山爱好者云集的地方，常有各种肤色的登山爱好者在这里一显身手。乞力马扎罗有两条登山线路，一条是"旅游登山"线路，游客在导游和挑夫的协助之下，分3天时间登上山顶，体验"一览众山小"的滋味；另一条是"登山运动员"线路，沿途悬崖峭壁，十分艰险。据说登山者中只有不到30%的人能够最终登顶。

马尔代夫群岛：下世纪它将会被海水淹没

马尔代夫群岛由一千多个小岛组成，从印度南端一直延伸到赤道。一项新研究表明，下个世纪马尔代夫群岛可能被海水淹没。海平面正以每年8~9厘米的速度上涨，气候变化专门委员会(IPCC)曾于2001年预测，到2100年，全球海平面将升高85厘米。原因依然是全球气候变暖。按照该预测，诸如马尔代夫群岛这样的海拔高度多在1米以下的岛屿最终将没入海中。这个被誉为"人间最后的乐园"的印度洋国家将在100年内变得无法居住。

因人类活动而遭到破坏的景观远不止这些，比如还有美国阿拉斯加，

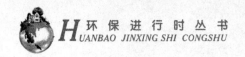

现在每年都有数千人赶往阿拉斯加观看正在萎缩的冰河和正在解冻的永冻土。奥地利的基茨比厄尔，被称为"阿尔卑斯山脉的珍珠"，但它未来的命运也因为全球变暖而成为未知数。还有厄瓜多尔加拉帕戈斯群岛，与大堡礁的处境一样，水温上升令加拉帕戈斯群岛的珊瑚虫面临被"漂白"的威胁，并导致其他海洋生物的死亡。所有这些都告诉了我们什么？

灰色的天空、裸露的土地、滚滚而来的沙尘暴、恣意妄为的洪水和海啸……这一切都是怎样造成的？我们赖以生存的生态环境真的病了吗？往日那蔚蓝的天空、绿油油的草地、潺潺的流水、啾啾的鸟鸣都哪里去了？我们又能为我们赖以生存的地球面临的环境危机做些什么？怎样做才能减少旅途中对自然的破坏？如何在旅游中爱护自然？相信每一位青少年朋友在读完这本书后都会找到答案。

想知道如何用绿色的旅游方式为留住美好自然做出贡献，那么，让我们快快加入亲近自然的绿色之旅吧！

马尔代夫

当我们到一个地方，感受旅游所带来的文化洗礼的同时，应该记得要让它比我们到来时更干净、更美丽，这就是我们的目标。

我们要感谢大自然的恩赐，同时我们也要学会感恩回报和珍惜它们！

幸福生活不只在于衣食享乐，也在于碧水蓝天。

二、高原——即将远去的净土

独特的气候特点

由于西藏高原奇特多样的地形、地貌和高空空气环流以及天气系统的影响，西藏在天气、气候方面也有许多独特之处。从总体上来说，西藏的

青藏高原

气候具有西北严寒、东南温暖湿润的特点，并且呈现出由东南向西北的带状更替。

西藏地势高，气压低，空气密度小。如果平原地区气压值为1，西藏拉萨的气压值只有0.66。在温度相同的情况下，空气密度和气压是成正比的，在高原上空气密度只有平原地区的75%～80%，含氧量比内地平原少25%～30%。

西藏是我国太阳辐射最强的地方，例如拉萨，全年总辐射达到195千卡/平方厘米，是同纬度地区成都的2.1倍，上海的1.7倍。拉萨全年日照时数3005小时，为成都的2.4倍，上海的1.5倍，所以拉萨被称为"日光城"。西藏高原阳光强、日照多的主要原因是空气稀薄清洁，水汽含量少，阳光透过大气层时能量损失少。

西藏的气候最明显的特点是日夜温差大，一天之内最高温度可达28℃，最低温度可降至10℃，由于其日照时间长，冬季并不像人们所想象的寒冷，不过，强烈的紫外线照射也是到西藏旅游的一大挑战。

西藏冬季漫长寒冷而无盛夏。年降水量少，年均水量只有200～500毫米，气候干燥，冬季尤为干燥。西藏的雨量90%左右集中在6—9月份，称为"雨季"。各地雨量差别很大，如拉萨年雨量454毫米，阿里的噶尔县仅60毫米，且无明显雨季。雨季时多局部性中、大雨。昌都、拉萨、日喀则一带则多夜雨。

西藏的紫外线辐射很强，加上气温偏低，使许多种细菌难以繁殖，所以生活在西藏有利于防治某些疾病。西藏的空气也很少污染，拉萨是我

国空气和水源污染最小的城市之一。特别是雨过天晴，碧空如洗，空气清
新，使人心旷神怡。

西藏成为濒危景点

2007年，联合国教科文组织世界遗产中心发布报告，中国西藏与埃及
帝王谷、澳大利亚的大堡礁以及美国大沼泽国家公园等一起被认定为濒危
景点，环保行动迫在眉睫。环保专家分析报告后指出，这些被列入濒危名
单的景点是由几个原因造成的：一是全球变暖，二是环境污染，三是
过度开发。而西藏旅游资源的过度开发是西藏景点被列入濒危景点
的最主要原因。

在过去几年内，由于到西藏旅游的人数剧增，当地修建了大量旅馆，
国内外的商人也大量涌入。随着中国经济的发展，到西藏旅游的人还会增
加。随着游人的增加，对西藏人文及自然环境造成的破坏也会与日俱增。

美丽的青藏高原

在全球环境污染日益严重的今天，西藏这个对全球环境具有重要影响的"世界屋脊"，是受污染最少的地区之一。今天的西藏依然拥有最纯净的空气，最蔚蓝的天空。曾经有数不尽的藏族古老的诗歌和民谣，赞美过这世界最高处的阳光，以及这片阳光普照下的山川河谷。但是这几年随着西藏的过度开发，西藏原本纯净的空气和阳光饱受负荷。现在，我们看到的是一个美丽的，但又亟待保护的西藏。

随着西部大开发的发展，人们在建设西藏的同时，也给西藏的环境埋下隐患。那个曾经的人间天堂，正逐渐地褪去它的"贵族气"，近几年，随着旅游产业的发展，以前人烟稀少的西藏现在日益嘈杂了。如果不能尽快地加强保护，增强人们的环保意识，不久的将来，这里将不再是一片净土。

藏羚羊的生存受威胁

藏羚羊主要分布于中国青藏高原，是青藏高原动物区系的典型代表。经过漫长的自然演替和发展，藏羚羊物种种群曾达到相对稳定状态，且数量巨大。但从20世纪80年代末开始，该物种遭受了前所未有的大规模盗猎，种群数量急剧下降。

藏羚羊身材矫健，奔跑如飞，被称为"高原精灵"。藏羚羊是历经数百万年的优化筛选，淘汰了许多弱者，成为"精选"的杰出代表。许多动物在海拔6000米的高度，不要说跑，就连挪动一步也要喘息不已，而藏羚羊在这一高度上，可以60千米时速连续奔跑20～30千米，使猛兽望尘莫及。藏羚羊具有特别优良的器官功能，它们耐高寒、抗缺氧、食料要求简单，对细菌、病毒、寄生虫等致病因素表现出高强的抵抗能力，它们身上所包含的优秀动物基因，囊括了陆生哺乳动物的精华。根据目前人类的科技水平，还培育不出如此优秀的动物，然而利用藏羚羊的优良品质做基因转移，将会使许多牲畜得到改良。

青藏高原三江源地区是藏羚羊的主要栖息地。有关专家研究称，大群的藏羚羊为瘠薄的高原土壤提供了有机肥料，它们对牧草的适度践踏又起到分蘖作用，使牧草长势旺盛。它们产仔后遗留下来的大批胎盘及老弱病残者，又为狼、秃鹫等许多肉食动物提供了食物，因此藏羚羊在青藏高原的生态系统和食物链中起着举足轻重的作用。在某种程度上，如果没有了藏羚羊，三江源地区的生态环境将会急剧恶化，许多野生动植物也将面临灭顶之灾。

藏羚羊

藏羚羊浑身是宝，其纤细柔软的绒纤维被称为"软黄金"，用藏羚绒制成的"沙图什"披肩在国际非法贸易中十分走俏。"高原精灵"也因此而遭到疯狂屠杀。

虽然藏羚羊分布区是人烟稀少、气候恶劣的高寒地区，但近十年来盗猎者手持武器、不断涌入藏羚羊栖息地或守候在藏羚羊迁徙路线上屠杀

藏羚羊。根据中国有关部门近年来查获的藏羚羊皮、绒数量和各有关单位在藏羚羊分布区发现的藏羚羊尸骸情况分析，每年被盗猎的藏羚羊数量平均在20000头左右，盗猎使藏羚羊种群数量急剧下降。此外，由于盗猎活动的严重干扰，藏羚羊原有的活动规律被扰乱，对种群繁衍造成了严重影响。

目前，一批批藏羚羊在呻吟中死去，而盗猎者、加工者和贸易者却仍在部分国家和地区通过走私、非法国际贸易等形式获得了浸满藏羚羊血的巨额利润；一些消费者为追求时尚，仍在麻木地作为帮凶而加剧了对藏羚羊的残杀。

三、森林——是开发还是保护

西双版纳热带雨林资源丰富而珍贵，但现在这里的热带雨林生态被破坏、水土流失等问题却非常严重。野生动植物被非法捕猎移植；山冈被砍伐一空，甚至被放火"烧荒"；一些林区被开垦种植了甘蔗、香蕉、菠萝等经济作物，这与那些被连根铲除的珍稀树种相比，如同丢了西瓜捡芝麻，实在是得不偿失；风景区的一些林木也遭到砍伐，一车车粗大的树木被运去制成上好的家具……专家们痛心地指出，再这么疯狂下去，不出20年，"植物王国"、"动物王国"将从这里消失，成为历史的回忆。

都是橡胶惹的祸

西双版纳州是我国热带雨林生态系统保存较为完整的地区。在这片不到国土面积0.2%的土地上生长着占全国1/4的野生动物和1/5的野生植物物种资源，因此向来被视为生物多样性保护和生态资源保护的重地。西双版纳是我国重要的橡胶种植基地，为我国国民经济的发展做出了巨大的贡献。

西双版纳

然而近年来，国际橡胶价格疯涨，在西双版纳出现了盲目追求经济效益，大量种植橡胶，甚至出现"毁林种胶"的违法事件。随着橡胶种植面积的日益扩大，西双版纳的天然热带雨林逐渐缩小。据统计，30年以前，70%的西双版纳都由雨林和高山林覆盖，2003年已不到50%。在一位生态学家的地图上，云南西双版纳标注着"热带雨林"的绿色区域已经越来越

环保旅游中的点点滴滴

多地被红色覆盖。橡胶种植覆盖了西双版纳几近全部的低地森林，并且不断向该地区的高地蚕食。

据不完全统计，自2000年以来，西双版纳州的新造橡胶林地达到了300万亩，其中农民自行开发的有285万亩，侵占国有林和集体林种植橡胶15万亩。全州植胶总面积从1988年的116万亩增加到了2006年的615万亩。

目前中国拥有全球最大的轮胎生产业。以2007年的数据为例，2007年中国共消耗天然橡胶235万吨，其中70%进口自泰国、马来西亚和印尼等国家。自2000年开始，中国的天然橡胶进口量几乎翻倍。中国2007年生产轮胎3.3亿条，其中有近一半向国外出口，固特异等轮胎制造业巨头也正在寻求在中国设厂。

在将农民带上脱贫致富快车道的同时，橡胶给西双版纳带来的负面生态效应开始一步步显现出来。大规模毁林种胶的行为严重破坏了天然林涵养水源、防风固沙、净化空气、调节气候的功能，也破坏了生物物种的遗传、更新和生态平衡。胶乳70%以上的成分是水，橡胶林不但没有蓄水的功能，反而需要大量吸水，一棵胶树就是一台小型抽水机。种植橡胶使得很多地方溪流枯竭，井水干涸。原来深的地方有二三十厘米，现在只剩下裸露的河床。

据中科院对勐仑植物园的研究，每亩天然林每年可蓄水25立方米，保土4吨，而每亩产前期橡胶林平均每年造成土壤流失1.5吨，开割的橡胶林每年每亩吸取地下水9.1立方米。按每立方米地下水1元、每吨流失土壤10元计算，全州橡胶林每年生态效益损失和生态效益替代价值将近1.5亿元。

更加令人忧心的是，天然林可以恢复，生物多样性的丧失却不可挽回。天然林每减少1万亩，就使一个物种消失，并对另一个物种的生存环境构成威胁。以望天树为例，望天树是云南西双版纳热带雨林的标志性树种，由于分布稀少，被列为国家一级重点保护植物。望天树是龙脑香科植物的一种，早期研究没有发现龙脑香科植物在中国的分布，因此国外专家一度断言中国没有热带雨林。1975年，科研人员在西双版纳傣族自治州勐腊县发现望天树，推翻了中国没有热带雨林的论断。望天树在中国呈片状和块状残存分布于云南西双版纳、河口、马关以及广西局部地区。其中在勐腊县分布面积最大，共有大小不等的22个林地斑块，总面积约18万亩。望天树一般高五六十米，最高可超过70米，是世界上重要的商品木材。西双版纳的望天树分布区域内有十多个村寨，原来当地村民就有砍伐利用望

橡胶林

环保进行时丛书
HUANBAO JINXING SHI CONGSHU

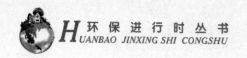
天树的传统，加之20世纪80年代以来推广林下种植砂仁等经济作物，使望天树的保护面临严重威胁。

与天然林相比，人工橡胶纯林的鸟类减少了70%以上，哺乳类动物减少80%以上，这种损失无法进行经济估算。而且，单一经济林发生大面积森林病虫害的隐患难以防范，橡胶白粉病、蚧壳虫病频繁发生。

与此同时，西双版纳州气象局的长年监测表明：在过去50年间，四季温差加大，相对湿度下降，州政府所在地景洪市1954年雾日为184天，但到了2005年仅有22天。对此，西双版纳州林业局在一份文件中指出："虽不能说完全是植胶引起的，但应该说有着直接的联系。"另据中国科学院和波多黎各大学一位科学家2006年的调查表明，在1976—2003年间，西双版纳大约67%的热带雨林区域被开辟为橡胶种植园。一年下来，100亩胶林中要施用500千克化肥，80千克硫黄粉，15件草甘膦，还有大量有毒农药氧化乐果。这些化肥和农药的施用将随着雨水的冲刷而进入江河，不仅造成区域的水污染，还将随着国际河流的流向产生国际问题。此外，这些也威胁到了亚洲象、老虎、孔雀和猴子等热带雨林传统居民的生存。尽管目前拯救雨林还不晚，但若橡胶价格持续增长，且地方政府不采取措施加以干涉，橡胶种植就还会继续扩张。

热带雨林变得支离破碎

一个地区的森林覆盖率若高于30%，而且分布均匀，就能相对有效地调节气候，减少自然灾害，并能有效地减少水土流失。据统计，在一次降雨346毫米后，平均每亩林地流失土壤4千克，损坏草地6.2千克，损坏作物地和裸地分别是238千克和450千克。

热带雨林的种类组成极端丰富，尽管热带雨林仅占世界陆地面积的7%，但它所包含的植物总数却占世界总数的一半。热带雨林里茂密的树木，通过进行光合作用，能吸收二氧化碳，释放出大量的氧气，就像在地球上的一个大型"空气清净机"，所以热带雨林有"地球之肺"的美名。此外，热带雨林水汽丰沛，蒸发后凝结成云，再降雨，成为地球水循环的重要部分，不仅有助于土壤肥沃与生物生长，也有调节气候的功能。

历史上，热带雨林有2450万平方千米的面积，主要位于南北回归线内。自1900年以来，特别是第二次世界大战后雨林减少的速度在加剧，现已失去59%以上的原有雨林，现存面积仅为1001万平方千米，覆盖了陆地总面积的6%～7%，主要存在于三个区域：美洲、非洲、亚洲，其中最大的一块为美洲的亚马孙雨林，还有两块比较大的区域是非洲的刚果雨林和亚太地区的天堂雨林。

全球热带雨林以每年120425平方千米的速度在减少。这相当于一个尼泊尔的面积。在过去的20年间，仅亚马孙雨林就以每年29000平方千米的速度减少。按照这样的趋势，地球上的热带雨林再过几十年就会消失。

尽管我国早在1958年就建立了西双版纳自然保护区，但近半个世纪以来，西双版纳的热带雨林的面积还是约有一半被破坏了。

雨林面积减少的同时，破碎化趋势十分明显，其特征是森林变得条块分割、没有连贯性，尤其在亚洲雨林区，如印尼、马来西亚、菲律宾的雨林已经变得支离破碎。破碎后的森林像海洋中的一个个"岛屿"，被周围

热带雨林

的农用地或经济种植园所隔离，使其内物种基因得不到有效交流，进而大大降低了保护的有效性。

四、草原——大自然已开始报复

草原退化，风沙来袭

锡林郭勒草原是驰名中外的天然草牧场，草原总面积2.95亿亩，占全盟总土地面积的97.3%，其中可利用草场面积为2.67亿亩。境内有全国唯一被联合国教科文组织纳入国际生物圈监测体系的草地类自然保护区——锡林郭勒国家级自然保护区。锡林郭勒草原属欧亚大陆草原区亚洲中部亚区，地处森林向草原、典型草原向荒漠草原演变的过渡地带，草场类型以草甸草原、典型草原和荒漠草原为主，由东向西分布着不同类型的天然草原植被，主要分为三个草原区和一个沙地植被。

丰美的草原本来应该是锡林郭勒盟的骄傲，但是草原的命运随着经济发展而变得多舛。1989年，有着畜牧业大盟之称内蒙古锡林郭勒盟牲畜首次突破1000万头只，实现了锡林郭勒盟几代人的夙愿。到1999年牲畜头数超过1800万头只，居全国地市级首位。可谁都没想到，这一连串令人骄傲的数字背后却隐藏着草原的巨大隐患：由于始终没有摆脱传统粗放靠天养畜方式，随着超载过牧加重，以及自然灾害和气候变暖等诸多因素的影响，草原生态环境不堪重负，最终导致长期积累的生态危机在世纪之交集中爆发，昔日广袤美丽的锡林郭勒草原饱受荒漠化折磨，从畜牧大盟一下成为全国生态恶化和经济落后双重矛盾最为尖锐的地区之一。

锡林郭勒草原

当人们走在锡林郭勒盟首府锡市大街中心时，会发现有一座牛、马、羊、驼的群雕，中间耸立着纪念碑，碑文上写道：

经锡林郭勒盟几代人的共同努力，全盟牲畜总头数一九八九年突破1000万，锡林浩特市委市政府受中共锡林郭勒盟委、锡林郭勒行署委托建此群雕，以志纪念。

1990年7月25日碑文的内容与草原现状两相对比，让人不但不能激起敬意，反而心情格外沉重。正如恩格斯在《自然辩证法》中所讲的："我们不要过分陶醉于我们对自然界的胜利。对于每一次这样的胜利，自然界都报复了我们。"

1999年开始的锡林郭勒盟连续3年干旱期间，全盟牲畜减少400多万头。当时，生态环境严重恶化，牧草高度只有10~20厘米。当地频繁的沙尘暴和频发的自然灾害不仅给这片草原带来了巨大损失，也让草原之外的人们感受到了这里的生态危机。有数据显示，2000年，锡林郭勒大草原西部荒漠半荒漠草原和部分典型草原有近5万平方千米"寸草不生"，并且流沙面积以每年130多平方千米的速度扩展，全盟农牧民人均可支配收入由1999年的2236元下降到2000年的1823元。到了2006年，锡林郭勒盟退化、沙化草场面积已达18446万亩，占可利用草场面积由1984年的48.6%扩展到64%。西部荒漠化草原和部分典型草原有近7500万亩"寸草不生"。锡林郭勒草原乌拉盖地区曾是东乌珠穆沁旗最好的草场，当年没膝深的草场已被大面积开垦，取而代之的是一望无际的农田和一个挨一个的村庄和作业点。据介绍，仅乌拉盖农牧场管理局开垦草原就达50万亩。另外，全自治区每年还有1.7亿亩草地因滥采、滥挖、滥割而遭到破坏，其中6000万亩草场已完全沙化。

据当时内蒙古畜牧科学院草原研究所研究表明，内蒙古几大草原已形成了大面积沙地或沙带。更可怕的是，10年间，这些沙地或沙带从西向东推进了100千米，直接威胁华北和北京地区。

草原生态恶化

草原生态恶化，谁之过

锡林郭勒草原生态环境恶化，草场退化、沙化，水土流失的原因包括自然因素和人为因素两个方面，其中人为因素是最直接和最主要的原因。

第一，自然因素。

锡林郭勒盟地处中纬度西风气流带内，属中温带半干旱大陆性气候。由于其南部和东部有高山隆起，阻挡了夏季风的深入，隔断了南来的水汽

资源，大气水分缺乏，降水量减少。冬季在欧亚大陆蒙古高原—西伯利亚冷压的控制下，加上开阔的区域，寒流长驱直入，形成了该地区"寒冷、风大、雨不均"的气候特征。据气象资料表明全盟年平均降水量呈下降趋势，而年平均气温却不断升高，增加了干旱程度。加上堆积的大量疏松的沙质地表，是造成生态环境恶化，草场退化、沙化，水土流失的潜在因素。

第二，人为因素。

由于锡林郭勒盟特殊的地理位置和脆弱的生态环境，加上不断增加的人口对草原的过度利用，导致了草原的最终后果。农业、交通运输、建筑和开发自然资源，却没有考虑如何合理开发、利用、保护草原，使人口、资源、环境不能获得协调发展。畜牧业的发展，致使全盟可利用草场面积大大降低。为了获取粮食和经济利益而进行的农业耕作开垦，使草原大面积受到破坏。锡林郭勒草原属于温带干旱草原，生态系统极为脆弱。这一地区年平均降水300毫米，无霜期90～110天。就在这样的一个自然环境中，历史上曾出现过两次大规模的草原开垦。历史证明，开垦种植草原不仅以失败而告终，而且留下了荒芜退化的草原。事实上至今开垦草原的行为也没有停止过，只不过和过去相比有面积规模大小区分而已。即使是现在耕作的土地因受耕作技术和自然环境条件限制，也会逐渐失去耕作价值而撂荒。其原因有二，一是种植的土地有9个月的裸露期，而在这9个月中正好是季风猖獗时期，土壤中的有机质就会因风蚀而分解，从而逐步降低土壤肥力；二是受降水限制，种植土地就得打深水井，往往因为使用成本高或者水位下降深水井成了废井。

由于草原井阔平坦，车辆行驶不受任何限制，因而形成了蜘蛛网状的"自然公路"。此外，建筑业发展、矿产品开发、随意樵采、滥挖药材、搂发菜、打猎等行为加剧了草原的退化、沙化和水土流失。根据统计，在草原上每挖1千克甘草就会破坏5平方米的草原，挖5棵芍药就破坏1平方米的草原。发菜只有在荒漠草原上生长，表面看搂发菜不破坏草原，事实上搂发菜直接破坏了地表植被的网状结构，为风蚀草根提供了条件，从而引起大面积的草原退化。草原上的野生动物是草原生态系统中不可缺少的一个环节，这些年成群的百灵鸟飞过蓝天的景象已经极为少见，原因就是它在内地的身价高了，捕捉它们的人多了，有的人甚至以此为谋生手段。根据统计，一对百灵鸟在一个繁殖期内能吃掉20千克蚂蚱，这些年草原蝗虫频繁爆发与百灵鸟的减少不无关系。近几年狼被看成了餐桌上的上等佳肴。我们没有理由不相信如果草原上的野生动物灭绝了，那么这片草原

草原狼

也就不存在了。这些直接的人为因素破坏了草原生态系统内部的自我调节能力，使草原的生态环境极度恶化。这种掠夺性的经营方式使草原畜牧业已经陷入绝境。生态环境付出的巨大代

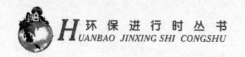

价，是难以用经济账来计算的。

从天而降的警告

当我们把目光再投向整个内蒙古大草原，可以惊讶地发现如今的草原荒漠化已经严重威胁着生态平衡及社会、经济的可持续发展。内蒙古大草原本是防止沙漠南侵的绿色屏障，如今却变成了沙尘源。随着草原的不断退化，灾害性的沙尘暴天气越来越频繁：20世纪50年代发生过5次，60年代发生过8次，70年代发生过14次，90年代发生过23次，已数次侵袭江苏、安徽，甚至福建。一次大的沙尘暴可以让上千万吨浮土远距离大搬家，沙尘遮日，白天伸手不见五指。风沙和浮尘带来大量有害物质，造成严重的空气污染。沙尘暴引起的大气环境问题，降低了受影响地区的生活质量，给受影响地区的人体健康和生命安全带来严重隐患。

目前我国严重退化草原近1.8亿公顷，并以每年200万公顷的速度继续扩张，天然草原面积每年减少65万～70万公顷，同时草原质量也不断下降。西部和北方地区是我国草原退化最为严重的地

沙尘暴

区，退化草原已达草原总面积的75%以上，尤以沙化为主。

草原退化还使大量动植物基因和物种消失，这些损失难以直接用经济计算。据联合国环境规划署评估，这种损失远远大于生态破坏所造成的直接经济损失，有时为其2～3倍，甚至达到10倍。草原退化的同时，水土流失逐年加剧，降雨量普遍减少。

一位草原生态学家痛心地说，新中国成立以来，我们在草原问题上有很多重大失误：只顾鼓励发展牧业生产，却忽略了应有相应的科学管理和草原建设；只顾单方面重视发展农业，提出向草地要粮，盲目毁草开荒使很多优质草场沦为农田，又废弃成为荒漠。

 ## 五、"荒漠化"——来自自然的威胁

荒漠化是由于气候变化和人类不合理的经济活动等因素使干旱、半干旱和具有干旱灾害的半湿润地区的土地发生了退化。在人类当今面临的诸多生态和环境问题中，荒漠化是最为严重的灾难，给人类带来贫困和社会动荡。人类不合理的经济活动不仅是荒漠化的主要原因，反过来人类又是它的直接受害者。随着气候干旱以及滥垦、滥伐、滥牧、滥采以及滥用水资源等不合理的人为活动的加剧，荒漠化犹如一场"地球疾病"正侵蚀着我们赖以生存的家园，导致生态环境不断恶化，可利用的土地资源不断减少，人类的生存与发展面临着严峻威胁。

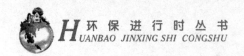
环保旅游中的点点滴滴

　　土地在人类社会经济的发展中起到了十分重要而独特的作用，它是人类生产与生活中不可或缺的自然资源。我国人口多，人均耕地面积少。而中国却是世界上沙漠面积较大、分布较广、荒漠化危害严重的国家之一。沙漠化土地面积约占国土面积的18%，影响着4亿人口的生产和生活。据统计，我国每年被沙漠吞噬掉的土地面积达2460平方千米，相当于一个中等县的国土面积，而且因风沙危害造成的直接经济损失高达540多亿元，平均每天1.5亿元！荒漠化和干旱给中国的一些地区的工农业生产和人民生活带来严重影响。荒漠化问题早已引起中国专家及中国政府的关注，尽管中国从来没有停止过对荒漠化的治理，但由于种种原因，中国土地荒漠化扩大的趋势还在继续，最主要原因在于治理速度跟不上荒漠化速度。

　　在宁夏西南部中卫县沙坡头，黄河与腾格里沙漠已经近在咫尺。而

丝绸之路

这里曾经是丝绸之路故道。历史上的楼兰古国，以及和楼兰同时兴起在古代"丝绸之路"上的尼雅、卡拉当格、安迪尔、古皮山等繁华城镇也都先后湮没在近代的沙漠之中。历史上的宁夏也不是今天这样被沙漠和秃岭紧紧包围。宁夏北部三面被腾格里、乌兰布和毛乌素沙漠环绕，境内沙漠化面积达1.26万平方千米，占自治区总面积的24.3%。作为宁夏的旅游胜地——沙坡头，却是腾格里大沙漠南端紧逼黄河的连绵沙山，东西长十几千米，在黄河北岸堆积成高达百米的沙坝，这里曾经流沙纵横，平均每10个小时出现一次沙暴，沙暴一来，地毁人亡。沙坡头一带年降雨量只有200毫米，年蒸发量却为3000毫米，是降雨量的15倍！沙漠每年以8～9米的速度向黄河方向推移。300年来，腾格里沙漠不断南侵，迫使中卫绿洲后退了7.5千米，2700公顷良田被沙海吞没。每当狂风肆虐时，这里便飞沙走石，连绵起伏的流动沙丘掩埋村庄，吞噬良田。

虽然这里有全球闻名的麦草方格治沙工程，但是这种麦草方格也只是

腾格里沙漠

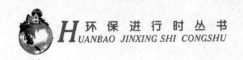
在包兰铁路沿线被运用，而没有扩大到整个沙坡头。站在沙坡头，我们可以看到腾格里沙漠已经逼近黄河。在鸣沙山的旅游景区内，人们为了满足旅游爱好者滑沙，把沙丘堆高。这样很容易造成沙丘表面的流沙从顶部滑下进入黄河河道。同时，由于这里并没有像包兰铁路沿线那样采取很好的固沙措施，按照沙坡头每年出现的大风扬沙现象和沙丘的移动速度，要不了多久，黄河到此便会成为地下河，塞上明珠也不会再有其昔日风采。

由此看来，防沙、治沙依然是沙坡头人的头等大事。

 ## 六、山水背后的伤痕

武夷山是祖国秀美山川的代表，有着丰富的自然文化遗产，它在为我们带来优美自然景观的同时，还为我们创造了赖以生存的资源。但人们在欣赏大自然造就的奇迹、享受物质财富的同时，却忽略了对大自然的保护，看看我们秀美的山川，遍布着人类的脚印，伤痕累累！

武夷山风景名胜区作为武夷岩茶的最佳产地，这里环境十分适合优质茶叶的生长。茶园或茶叶基地选择在此可以有利于防止城乡垃圾、灰尘、工业废水以及人类活动给茶叶带来污染。茶园四周的森林，使茶树处于密林的怀抱中，常处在云雾笼罩之下，这些都有利于提高茶叶自然品质。同时，茶园要求周围土壤要深厚，有效土层超过80厘米，养分含量丰富而且平衡。武夷山优越的条件使茶叶种植获得了较大发展，茶农的经济效益不断提高。但是，景区茶产业在发展的同时，也给景区带来了一些问题，20

多年来，景区资源保护与茶地垦复一直处于矛盾中。武夷岩茶在种植、加工、销售上呈现逐年上升的态势，茶地的开垦亦逐年上升，已影响甚至在部分地段已严重影响到景区生态系统的生物多样性、景观、群落结构、林木、林地土壤等，所造成的变化有可能导致本已十分脆弱的植被进一步退化、水土流失加剧、群落生物多样性下降以及景观构造简单化等。

有调查显示：武夷山风景名胜区主景区面积2002年以前为60平方千米即90000亩，2002年以后增加到64平方千米即96000亩。1979年、1988年、1996年、2001年、2005年的茶地面积分别占主景区面积的3.84%、4.7%、13.09%、13.43%、16.70%。增加的茶园主要是原撂荒被重新垦复的茶园。撂荒多年后又被重新垦复利用，大部分已种上新茶苗，尚有在垦复中的老茶地已对植被造成很大的干扰。农田或菜园改造成的茶园，利用荒田和废弃菜园改造成茶园，新开茶地，还有近年来毁林或在原住民搬迁后留下的屋基上新造的茶地。景区内的茶地呈星散分布。以溪南的水运队到南源岭一带、山北的水帘洞以北最多，次为星村镇周围。还有大量茶地分布于主要的游道边，对景观造成影响。部分茶地分布于九曲溪沿岸和主要的景观边，破坏了植被的天然性。老茶园大多分布于山谷或山脚，新茶园多分布于山脊或半坡，山脊原植被保护

武夷山

环保进行时丛书
HUANBAO JINXING SHI CONGSHU

较好，大多土壤有机质较丰富，因而被毁林建造茶地，这种类型的茶地在景区内随处可见，对植被的破坏最为严重。另有小部分茶地建造在陡坡上，很容易造成水土流失。

茶地的开垦对当地生态系统的破坏是非常严重的，主要表现在以下几个方面。

1. 茶地开垦对景观和群落结构的影响

茶地的开垦、日常经营中取土培根等大多要砍伐已处于中早期演替阶段的马尾松林，清除林地的灌木层和草被，使群落结构简单化，林地土壤完全裸露，自然景观遭受强烈的干扰。这种情况在铁板峰顶和水帘洞顶尤其严重。

2. 茶地开垦对周边林地的蚕食

在原有茶地边缘的林地常受到小面积砍伐逐步被改造成茶园，原有林地面积不断减少，林缘线收缩后退，阳性灌草不断侵入，致使林分退化。

3. 茶地开垦造成水土流失

茶地改新、补苗、取土、培土、开路、开排水沟和茶地用的蓄水池、管理不善。且20世纪90年代后开垦的茶地都没有石砌挡墙，均造成茶地的严重水土流失。

4. 茶地垦复对林木的影响

茶地边缘的马尾松等林木因遮蔽茶地的阳光常受到环剥或砍伐；山顶

上开垦茶地时仅留林缘一层林木，遭受大风时易倒伏甚至死亡；茶地开垦和取土时对树木的根系会造成损伤或致死；茶地改新时老茶树被砍伐堆于林缘，腐烂时释放的单宁等次生物质对林木及林地土壤均有影响。

5. 茶地垦复对生物多样性的影响

茶地垦复清除林地上大量的林木和林下植物，破坏森林生物生存的环境，导致生物多样性急剧下降。常绿阔叶林物种种类显著大于茶地，多样性指数和均匀度指数也远大于茶地，而群落的优势度指数则远小于茶地。两类茶地的比较中，水帘洞边的茶地摞荒多年，佛国岩的茶地新近采取过垦复措施，前者的多度指数、多样性指数和均匀度指数都高于后者，优势度指数则反之，说明垦复对茶地的物种多样性有显著的影响。

6. 樵采对森林群落的破坏

茶叶加工及茶农生活用薪炭材有些来自景区内的树木，对森林植被的破坏也十分严重。

7. 茶地垦复施肥等对景区内水质的影响

茶地垦复造成严重的水土流失，下大雨涨洪水时，九曲溪溪水十分浑浊。比如2003年6月24日至25日从小雨至大雨、暴雨连续下个不停，24日17时至25日8时，九曲溪上游降雨201毫米，中游降雨248毫

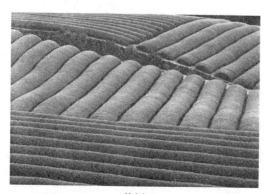

茶树

米，九曲溪涨洪水且十分浑浊，26日从五曲大桥采样监测，悬浮物浓度达182mg/L，而平常该处水中悬浮物浓度只有10毫克/升以下；因茶地面积逐年增大，其蓄水能力较弱，致使九曲溪水位逐年持续下降；近几年开展水质检测中发现九曲溪水总磷持续偏高，从GB3838—2002《地表水环境质量标准》Ⅰ类水标准下降为Ⅱ类水标准，这与茶地的施肥有一定的关系，从土壤监测中也发现，茶园土壤中速效磷的含量远高于森林土壤。

8．茶产量增加导致制茶车间需求增大

茶地面积增大，茶叶产量增加，原有的制茶车间势必不能满足需求，因此违法占地违章建设行为就时有发生，近两年发生在景区内高星公路沿线大量的违章建筑，很大程度上破坏了景区的景观资源。

七、三峡库区的"水华"

三峡水库是三峡水电站建立后蓄水形成的人工湖泊，总面积1084平方千米，范围涉及湖北省和重庆市的21个县市。三峡水库自建立以来，库区次级河流受干流水位顶托的影响，回水段水流缓慢，几乎成为死水。"流水不腐"的效应失去以后，氮、磷等物质大量聚集到回水区，这些物质在适宜的光照和温度下，使得许多自养型的藻类等水生生物大量快速繁殖，水生态平衡被破坏，出现"水华"现象。"水华"是淡水中的一种自然生态现象，调查结果表明，爆发"水华"的藻类主要有甲藻、硅藻、绿藻及隐

藻。"水华"发生时，水体一般呈蓝色或绿色，并出现腥臭味的浮沫。

据有关资料显示，自三峡水库初次蓄水后，"水华"现象就长期存在。在三峡库区重庆段23条支流中，大多数在每年的5—10月都会不同程度地爆发"水华"。

"水华"出现的原因主要有以下两个方面：

第一，水体的富营养化。

据相关调查显示，目前在三峡库区，主要污染物为面源污染。这些污染，包括来自库区及其上游的水土流失，农业生产、工业生产、日常生活的污染，以及规模化畜禽养殖污染。此外，值得关注的是，不少的高污染化工企业，正悄然流向三峡库区城市。有的地方政府为了留住企业，对国家的相关规定置若罔闻，甚至弄虚作假，强行让其过关，希望借此发展当地的地方经济。

水华现象

类似的高污染化工项目，还正在三峡库区大肆扩张。参与三峡工程环保论证的环境学家认为，不该在三峡库区建设化工厂。因为大量工业生产排放的废水，加上水域沿线大量施用化肥、居民生活污水等排入水库中，致使水库中的氮、磷、钾等含量上升，使水体富营养化，使得藻类大量繁殖，进而成为水体

环保进行时丛书 HUANBAO JINXING SHI CONGSHU

中的优势种群，"水华"现象便随之产生。淡水富营养化后，"水华"会频繁出现，而且面积会逐年扩散，持续时间逐年延长。

第二，水流速度的减缓。

三峡工程的修建对有效减少洪涝灾害、避免长江中下游地区的生态环境遭受破坏起到了一定作用。但由于三峡大坝建成后库区的水位上升，使得之前流动的河流变成"湖泊"，几近静止的湖泊的水流速度大幅减缓，几乎不再流动，进而水体的自净能力减弱，水环境承受力逐步降低，库区的水质状况呈下降趋势。另外，三峡水库建成后，大量泥沙沉积，水质变清，有利于水生植物，特别是藻类进行光合作用，进而导致藻类的生长繁殖加速，导致"水华"的产生。

"水华"现象造成的最大危害

（1）日常生活的饮用水源受到威胁

重庆主城区在长江、嘉陵江的取水口共有28处，这28处取自上游的水质总体上都在Ⅲ类标准，水质堪忧。

在大多数发达国家中，富营养化水体被禁止作为饮用水源。在三峡库区城市湖北省宜昌市等地，考虑到人们的健康，饮用水的采集也都不选择长江或长江支流。尽管如此，三峡水库作为中国水资源的战略储备库，一旦全面富营养化，其影响无疑是灾难性的。

（2）影响人类的健康

经研究发现，导致"水华"爆发的部分藻类，还会分泌释放出藻毒素。最常见的微囊藻毒素是一种强烈的肝脏致癌剂，通过食物链影响人类的健康，严重时可使人罹患疾病。即使对其进行加热煮沸和常规的饮水消毒处理，其毒素也不能被破坏，对人类健康构成的危害可想而知。

（3）导致鱼类产量逐渐下降，甚至会使大量的鱼类死亡

当藻类大量生长时，这些藻类能释放出毒素——湖靛，对鱼类有毒杀作用。另外，"水华"会引起水质恶化，严重时会耗尽水中的氧气，并且会大量挤占鱼类易消化藻类的生存空间，进而造成鱼类的死亡。

（4）会减少水生植物的多样性

"水华"发生后，大量的浮沫和带状物会恶化水的通风及光照条件，抑制了库区中浮游植物有益种类的生长繁殖，阻碍水藻的光合作用，使许多丝状藻和浮游藻等不能合成本身所需的营养成分而死亡。

发生"水华"时，水体的指标常常超出水中浮游植物的忍受限度，从

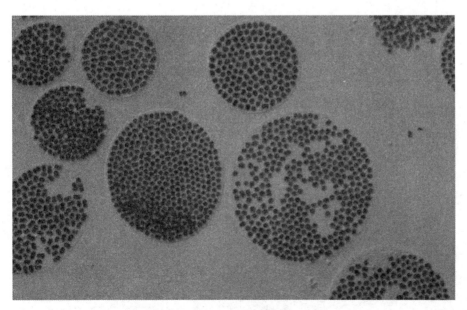

显微镜下的微囊藻

而会引起浮游植物的大量死亡。例如，"水华"白天的光合作用可以使水体的pH值上升到10左右，超过浮游植物的忍受限度而使浮游植物死亡。

（5）影响景观，并伴有难闻的臭味

虽然发生"水华"时藻类的生长速度很快，但由于水中的营养盐被用尽，它们也会很快死亡的。藻类大量死亡后，在腐败、被分解的过程中也要消耗水中大量的氧，并会上升至水面而形成一层绿色的黏状物质，使水体产生严重的臭味。另外，大量黏状物质的漂浮，会影响水库的景观。

总而言之，"水华"问题是影响三峡水库发展的重要问题，是必须尽快解决的，只有这样，三峡水库才能真正地为社会谋发展，为人民谋幸福。

八、黄果树瀑布断流的尴尬

看过黄果树瀑布的人，无不被它的气势所震慑。在海内外的车站、酒店、宾馆、家庭居室墙壁之上，随处可见气势磅礴的黄果树瀑布的照片。然而，瀑布壮丽的景观在最近几年中出现的周期越来越短了。

根据有关报道，在2001年"五一"黄金周期间，黄果树瀑布却让远道而来的游客大为失望。常年被飞瀑急流冲刷的断崖上，只留有"一股细流，几行清泪"的凄清景象，旅游手册中"远隔五里，即闻瀑声"的介绍成为历史。据有关部门介绍，在此期间，黄果树瀑布上游的河水平均流量仅为1立方米/秒。据估算，流量至少要达到4立方米/秒，瀑布的水帘才能覆盖1/3的瀑面，形成最一般的景观。

那么，瀑布究竟是如何形成的？

瀑布，地质学上叫作跌水，是由地球内力和外力作用而形成的。在一般情况下，河流总是透过侵蚀和淤积过程来平整流动途中的不平坦之处。经过一段时间的流淌以后，河流长长的纵断面形成一条平滑的弧线。由于地表变化，流动的河水突然地、近于垂直地或较大落差地跌落，这样的地区就形成了瀑布。对于瀑布来说，源源不断的水流"供给"是其长存的基本保证。总而言之，要形成一道壮观的瀑布，除了需要高低突变的地形，还需要有足够的水才行。

从地理位置上来看，黄果树大瀑布处于长江和珠江两大水系的分水岭，境内岩溶地貌十分发育，暗河与伏流、地表水与地下水明暗交错。地处分水岭，又属于河源瀑布，水流量受降水的影响较大，加上是岩溶地

黄果树瀑布

环保进行时丛书

HUANBAO JINXING SHI CONGSHU

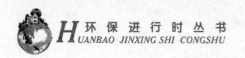
貌，漏水、跑水多，所以瀑布水量保持长期丰沛较难。

黄果树瀑布的壮阔与纤细、奔流与断流，是由地面河打邦河和岩溶地下河的水流量大小决定的。黄果树上游段由白马河、镇宁河、桂家河、大抵拱河、打邦河等5条地表河，从安顺西秀区渗流下来的对门寨河、宁谷河、桃水河、小屯河等地下河，及白马水库、桂家湖水库、杨家桥水库、蜜蜂水库、娄家坡水库、虹山水库等水库组成供水水源，流域面积2100平方千米。其河流流量决定瀑布的水量，而降水的多少，又影响河流流量。黄果树流域年降水1500毫米，一年的降雨日数占全年的50%，也就是说，黄果树瀑布水量有半年是自然雨水，有半年是靠自然生态调蓄供水。如果出现大雨、暴雨的时候，瀑布就会出现洪瀑；不下雨时，瀑布水量就小，或者断流。

有一个不可忽视的问题是，即使降水量很大，但降到漏水、跑水的岩溶地貌中，也容易造成水量流失。由于该地区是百分之百的碳酸盐岩石分布，拿黄果树瀑布流域来说，该流域石山裸岩占总面积的13.73%，可以称作是一个"下雨水往地面走，无雨水往地下流"的地区。

概括来说，造成黄果树瀑布水流量减少有以下几个原因。

第一，聚湖泊水、水库拦截水源直接影响瀑布的水源。

瀑布上游的湖泊、水库由于农业灌溉和自身旅游发展的需要，在枯水季节要开闸灌溉或关闸保水，都直接会影响黄果树瀑布的水量。

第二，耕地栽培作物面积的改变影响瀑布的水量。

在流域内，栽培的水稻、玉米等作物，通过耕地的作用，能在夏季留蓄雨水，减缓降水的流失速度，让瀑布的"急流"变为"长流"。豆类、薯类、麦类、高粱、油菜、烟草等作物，则在秋、冬、春三季通过植物生长的需要，根部抽取地下水，以及湖泊水库灌溉水等方式，向流域内的河流进行补水，增加瀑布流量，让瀑布在旱季也能流淌。然而，20世纪60年代后，受经济利益的驱使，流域内的耕地，冬春季土地裸露面积达2000多公顷，既增加了蒸发量，也影响了地表水和地下水的水量。

第三，流域内森林面积的减少影响地表的保水功能。

20世纪60年代以来的乱砍滥伐，致使黄果树周围森林植被面积大量减少。造成了"夏季下雨留不住，旱季没水补瀑布"的局面。2002年，黄果树景区规划面积为115平方千米，加上景区的外围保护地带共310平方千米，其森林覆盖率仅为10.3%，不及全省平均水平的1/3，大瀑布和天星桥两个核心景区的森林覆盖率只达15.6%。黄果树景区的植被为次生植被，由于受人为活动的影响，原生植被被破坏殆尽。如今，原生常绿阔叶林已不复存在，现有植被为次生类型，并正沿着森林—灌木—草丛—裸岩的方向逆向发展。

森林的日渐稀少，植被的贫瘠，大量山石、土壤的裸露使得土地涵养水分功能大幅降低，通常会出现大雨时河水浑浊，小雨时瀑布细小，天晴日久则水源枯竭，甚至出现瀑布断流的现象。

第四，岩溶地貌的改变使供给瀑布的地表水、地下水水量发生了变化。

黄果树景区进行的坡改梯改变了地表土壤、岩石分布，使得原有的水系分布改变了。某些地区的坡改梯爆破震裂了地下河道的岩石，使地下水流淌方向和深度发生了改变。

第五，耕地面积的大量增加，增加了农业灌溉的用水量。

黄果树所在的打邦河上游地区，多年平均流量为30立方米/秒，径流量为9亿立方米，因该地支流较多，流水往往从支流渗入地下，影响瀑布的总水量。其支流桂家河，流域面积为361平方千米，按理说，仅靠桂家

干旱的黄果树瀑布

河5立方米/秒的流量已能形成瀑布。但是，由于土地荒山承包到户，人们为了占地的需要，使得大面积的草地、灌木树林变成了广种薄收的耕地。然而对这些耕地进行的灌溉大量地浪费了水，而引流灌溉又改变了流水路径，影响了瀑布的流量。

据当地群众介绍，20世纪60年代以前，黄果树瀑布是不分丰水、枯水季节的，从来没有出现过枯水的状况，哪怕是在冬季，水流量也相当可观。2000—2002年，黄果树瀑布因水量不足，一度瀑布变为细流，甚至断

流。在2001年，爆发了多年来愈演愈烈的生态危机，成为黄果树瀑布历史上一个最为干涸和苦涩的5月，出现了自1990年以来最严重的枯水现象，由于瀑布景观"受损"，造成"五一"黄金周旅游团首次出现退团的难堪局面。然而现在，瀑布不仅有枯水期，而且枯水期呈明显的逐年延长的趋势，黄果树区域内的一些村庄也会出现井水枯竭、山泉干涸的状况。目前，枯水期已从20世纪80年代的每年2个月延长到5个月，甚至达半年之久，尽管上游建了水库，采取夜蓄日放的手段进行缓解，但仍然不能从根本上解决问题。有关专家进行深入的研究后预言，如果不下大力进行生态重建，50年后黄果树瀑布将不复存在。

经有关专家研究认为，流域内是岩溶地貌，上游长期不降雨是客观的自然因素。但上游森林植被减少，农作物植被改变，使得保水能力差；石漠化进程加快，蓄水的水库水量太少，大降水留不住；垦耕面积扩大，农业灌溉用水增加等人为因素，则是导致瀑布断流的直接原因。

曾在1992年，当地在经过一年的精心准备后，黄果树瀑布向联合国教科文组织申报"世界自然遗产"。该组织经过一番认真的考察之后，指出，景区植被覆盖率低、环境差、人工痕迹和商业化气息过重，希望黄果树景区加快绿化和保护生态的步伐……但是，同期申请并接受考察的张家界和九寨沟却一次过关，"世界自然遗产"的美冠使得当地旅游经济大幅攀升。

事实上，联合国官员对黄果树瀑布断流原因的评价是极其中肯的：景区上游植被的大面积破坏，喀斯特地表日益严重的石漠化，使得降雨量逐年减少，脆弱的生态环境日渐恶化。

环
保
旅
游
中
的
点
点
滴
滴

　　在申遗落选后，尽管景区加大了植树造林的力度，但有关专家认为，植被覆盖率过低，远远达不到恢复景观和涵养水土的功效。

　　众多的喀斯特石林，大大小小的瀑布群，星罗棋布的溶洞，多姿多彩的民族风情，使黄果树成为我国内容最丰富、旅游价值极高的游览区。但是由于景区内过量的人口载荷，加之缺乏有效的管理，使得垦荒量逐年增加，水土流失加剧，石漠化现象日益严重。稀疏的野草，零散的树木，难以遮住荒山上裸露的岩石和薄土，这样的景象并非在山区，而恰恰是在闻名于世的国家级风景名胜区黄果树瀑布的周边。

　　有关专家指出，21世纪的旅游是自然生态旅游，贵州丰富的自然生态资源是非常宝贵的，而像黄果树这样处于岩溶地区的生态十分脆弱，一旦遭到破坏便不可再生。如果这里的生态环境得不到很好的保护，如果这里在管理上依然如此混乱，那么黄果树必将失去应有的价值……

喀斯特地貌

第三章

共同保护美丽的旅游景观

一、高原上的守护

环保守护高原

青藏高原的生态环境原始、独特而脆弱。在青藏铁路建设前，就有人指出，铁路建设必然会严重影响到青藏高原的生态环境。然而，实际情况却是，只要采取环保的手段，是可以将人类活动对环境的影响降到最小的。青藏铁路在高原蜿蜒前进，铁路两侧路基绿草如茵，与周围的草原浑然一体。为了这些，建设单位没少耗资费力，施工前要对原始地貌拍照，把草皮移植到旁边，建好后再把草皮移植过来。如果经过的地方植被少，还要人工种草。青藏铁路建设过程中，沿线冻土、植被、湿地环境、自然景观、江河水质等，都得到了有效保护，青藏高原生态环境未受明显影响。铁路沿途除了桥涵、车辆通道外，还有一些专为野生动物布设的通道。全线共布设了33处不同类型的野生动物通道。电子监测证实，大批藏羚羊通过铁路沿线的野生动物通道自由迁徙。这说明，人类可以一方面满足发展的需要，一方面也可以实现对高原的守护。

其实，在西藏进行的各项重点工程，都是将环保视为最重要的环节。罗布莎、香卡山铬铁矿资源开发项目中，生态环保成为资源开采的重点环节。羊卓雍抽水蓄能水电站从项目的确定、设计到施工建设，均充分考虑生态环保要求。该电站运行以来，并未因发电而造成湖水水位下降、影响羊卓雍湖的自然生态环境。国家投资12亿元的"一江两河"中部流域综合开发项目，经过十多年人工造林种草、改良草场和沙漠化整治，林地面积显著增加，气候环境得到改善。

罗布泊

江河源头的保护

西藏江河纵横，湖泊密布，湖水清澈如镜。西藏位于长江、雅鲁藏布江等重要河流的源头和上游，亚洲著名的恒河、印度河、湄公河、伊洛瓦底江的上源都在这里。近年在气候变化和人为活动的压力下，西藏江河源头地区的冰川退缩、草场退化、湿地萎缩、水土流失等现象日益加剧，导致了源头地区水源涵养、调节等生态功能明显下降。

为了保护好西藏的碧水蓝天，充分发挥西藏的生态屏障作用，维护西藏地区生态安全，西藏自治区政府制定了相应的保护计划，他们对十几条河流的源头及周边地区的植被采取生态功能恢复措施，保护重要湖

泊地区的生态环境，同时还对珠穆朗玛峰等冰川区实施了水源涵养功能
保护工程。

藏羚羊的保护

中国为保护藏羚羊做出了巨大努力，已经取得了一定效果，但也面临
重重困难，这需要国际社会的理解和共同行动。

可可西里是世界上仅存的古老、原始而又完整的生态环境之一。这片
人迹罕至的青色山脉，本是藏羚羊的乐园。每年6月，成群结队的藏羚羊
翻过昆仑山山脉和一道道冰河，历经艰险，在雪后初霁的地平线上涌出。
为了保护藏羚羊，1998年，可可西里国家级自然保护区管理局正式成立。
从此，可可西里有了忠实的守护卫士。在4.5万平方千米的雪域荒原上，
"高原精灵"藏羚羊正是在这批守卫者的悉心呵护下，以它特有的速度、
坚韧地继续述说着"生命禁区"的奇迹。

然而，藏羚羊保护仍面临着重重困难，盗猎行为总是极不和谐地出现
在这片土地上，其根
本原因是由于在中国
境外存在着利润巨大
的藏羚羊绒及其织品
贸易。部分国家和地
区的藏羚羊绒及其织
品贸易并未得到有效
打击和制止，而这恰

藏羚羊

 环保进行时丛书
*H*UANBAO JINXING SHI CONGSHU

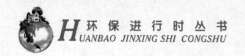
恰是盗猎分子疯狂猎杀藏羚羊的根本原因。

　　盗猎分子猎杀藏羚羊的根本目的是为了获得藏羚羊绒。被逮捕的所有盗猎分子的供词都证实了这一点。另外，由于藏羚羊肉寄生虫很多、藏羚羊皮制革性能差等原因，还不存在对藏羚羊肉、皮、头骨、角等的贸易性开发利用，中国境内也没有藏羚羊及其产品的需求市场。在所有盗猎藏羚羊现场都可以看到大量遗留的藏羚羊尸体、头骨、角，而取绒后被丢弃的大量藏羚羊皮则在其他许多地方被发现，可充分证明获得藏羚羊绒是引发大肆猎杀藏羚羊的根本目的。藏羚羊绒贸易给盗猎分子带来巨额利润。大量藏羚羊被猎杀取绒后，一部分绒被走私分子藏夹在棉被、羽绒服中或藏匿在汽油桶、车辆和羊绒中，蒙混通过中国西藏的樟木、普兰等口岸出境；而另一些走私分子则人背畜驮到边境秘密交易点进行交易。在中国境外，1千克藏羚羊生绒价格可达1000～2000美元，而一条用300～400克藏羚羊绒织成的围巾价格可高达5000～30000美元。如此高额的利润，进一步刺激了盗猎分子的欲望，并使他们有条件获得更有效的武器和装备，用于大肆屠杀藏羚羊，严重威胁藏羚羊的生存。

　　当今社会已经普遍认识到，不受控制的野生动物及其产品国际贸易，势必严重损害某些野生动植物种的自然发展，甚至危及物种的生存；而对野生动植物及其产品国际贸易进行控制和对某些物种实行保护，仅依靠某一个国家的力量是难以实现的。

　　目前，一批批藏羚羊在呻吟中死去，而盗猎者、加工者和贸易者却仍在部分国家和地区通过走私、非法国际贸易等形式获得了浸满藏羚羊血的巨额利润；一些消费者为追求时尚，仍在麻木地作为帮凶而加剧了对藏羚羊的残杀。这不仅是对许多国家相关法律的对抗，也是对《濒危野生动植物种国际贸易公约》的蔑视和对全人类保护野生动物意愿的践踏。因此，对藏羚羊的保护，除了中国自身的努力以外，还需要国际社会进行合作，共同延续"高原精灵"的神奇和壮丽。

被宰杀的藏羚羊

可喜的是，近年来，随着我国政府加大对藏羚羊的保护力度，同时加大对高原环保工作的投入，目前，西藏境内藏羚羊种群数量逐年增加，2009年藏羚羊的数量达到了15万只左右。

二、共同拯救雨林

留住西双版纳的美丽

在地球同纬度地带大多成为干旱草原和沙漠的今天，西双版纳仍保留着绿色形态，具有极高的保护价值。同时因其特殊的生长环境，生命力先天脆弱，人口增加，经济发展更加重了它的濒危性。如果不加强保护，这片珍贵的热带雨林将会从地球上消失，造成不可挽回的重大损失。

为了保护这片中国唯一的热带雨林，我国早在1958年就建立了西双版纳自然保护区。1986年经国务院批准为国家级自然保护区，1993年被联合国教科文组织接纳为联合国生物圈网络成员。西双版纳自然保护区是中国热带森林生态系统保存比较完整、生物资源极为丰富、面积最大的热带原始林区。保护区地跨景洪、勐海、

西双版纳

勐腊一市两县，由互不连接的勐养、勐仑、勐腊、尚勇、曼稿5个子保护区组成，总面积24.17万公顷，占全州土地面积12.63%，森林覆盖率高达95.7%。2000年，国务院又批准纳版河自然保护区升格为国家级自然保护区。

这是我国第一个按小流域生物圈理念建设的保护区，扩大了热带雨林保护的面积。世界上与西双版纳同纬度带的陆地，基本上被稀疏草原和荒漠所占据，形成了"回归沙漠带"，而西双版纳这片绿洲，犹如一颗璀璨的绿宝石，镶嵌在这条"回归沙漠带"上。

我们能为雨林做些什么

妥善处理好保护雨林与发展经济的关系，是保护西双版纳资源的关键。保护热带雨林应当转变过去以利用木材、经济效益为主的传统思想，而是以生态效益为主、兼顾经济和社会效益；改变单一的产业结构，开展多种经营。天然森林得到保护后，有些林业化工产品、森林食品及各类动植物将大量增加，质量也将有所提高。

对于当地百姓牺牲长远利益来换取暂时经济利益的行为，一些关注雨林命运的环保人士也提出了自己的建议，比如建议根据生态安全和经济发展的需要，研究热带雨林和经济作物的合理分布、配置规律，编制好橡胶产业与生态保护发展规划。要在保护好热带雨林的前提下，调整农业产业结构，科学指导农民合理种植橡胶等经济作物脱贫致富，实现保护与发展双赢。建议州林业部门摸清全州轮歇地内种植橡胶林的面积，制定措施，加强对轮歇地和农地的管理。比如，建议国家有关部门组织专家进行研究和管理；建立橡胶生态补偿机制，通过经济手段来调控橡胶产业发展和生态环境保护的矛盾；对从事橡胶加工生产的企业开征生态补偿费用等。法律法规的强制性，对于保护热带雨林也起着非常重要的作用，制定橡胶种植、加工生产管理法规，防止盲目开发、投资；严禁对橡胶地、橡胶园的

非法转让、炒买、炒卖等，这些规范的出台，对于约束人们的行为将起到有效的作用。此外，严格执法，依法打击侵占、盗伐、蚕食国有林和集体林，违法毁林的行为；鉴于农民有倒卖、转让农业生产土地的行为，在保护集体林地、国有林的同时，应制定措施，加强对轮歇地和农地的管理，打击非法炒作、转让土地的行为；进行农业产业结构调整，正确引导、鼓励、扶持农民开展多种经营等。

橡胶树

对于个人来说，虽然离热带雨林可能很遥远，但是我们还是可以通过一些日常生活细节来保护它，例如可以做到以下几个方面：

(1)不使用一次性筷子。

(2)纸张双面打印。双面打印的意义绝不仅限于节省50%的纸张成本，更大的效应在于：通过实现双面打印，1台双面网络打印机一年可以节省1吨办公用纸，而生产这些纸张需要6棵成材树木，还有10吨左右的水资源耗费和污水排放。如果再考虑到打印材料存放空间的节约和阅读舒适感的提升，双面打印的优势更是显而易见。

(3)不用实木地板，尤其是濒临灭绝的树种。几乎所有在中国的家居建材零售商都在销售用濒危树种加工而来的木地板，其中包括使用被称为"天堂雨林皇冠"的印茄木。

(4)购买拥有FSC认证的绿色木材。FSC是全球最为严格的森林管理和林产品加工贸易认证体系。当零售商销售有FSC标志的产品时，消费者就可以确信该产品的来源和加工过程是对环境负责任的。

(5)不吃用砍伐雨林种植大豆喂养的鸡做原料的汉堡。在环保组织和消费者的压力下，国际快餐巨头麦当劳2006年做出承诺：停止出售由特定来源的大豆喂养的鸡类食品，此类大豆的大面积种植，给亚马孙森林带来了严重的破坏。

(6)不喝毁林种植的咖啡。

(7)使用再生纸。

(8)用毛巾和手帕替代纸巾。

(9)发送电子贺卡代替代传统纸张贺卡。

(10)减少挂历、台历等的印刷和赠送。

美丽的西双版纳，珍贵的热带雨林风光，应该让她把美丽展现给我们的同时，也把大自然的这种恩赐留给我们的后代。

三、为了草原的明天

美丽的草原我们的家

草原文明和农业文明一样，是中华民族文明发展的支柱之一。草原民族在历史上形成了很好的保护环境和生态的意识和观念，这是中华民族的宝贵精神遗产。文明多样性是人类社会的基本特征。马背民族创造出来的草原文化具有多方面的历史价值，应该得到充分的尊重和保护。从生态学的角度来看，内蒙古草原是华北平原和京津塘地区的天然屏障。经过与沙尘暴的多年斗争，这样一种认识已经越来越深入人心。

人类生于自然，依赖于自然，与自然血肉相连。自然是先于人的存在，没有自然，人类不可能得到生存与发展。草原是大自然的一部分，是地球的一部分。草原的形成史和人类的发展史密切相关，中华民族特别是北方游牧民族在漫长的发展过程中形成了独特的保护草原、善待草原的思想观念和意识，可以说他们与草原有着天然的血缘关系，爱护草原、珍惜草原，与草原和谐相处，应该是一种"天然的本能"。

真正实现人与自然的和谐，仅靠外在的强制是不够的，必须在人们心中构筑起牢固的生态道德防线，把习惯号令自然、改造自然的主人，变为善待自然、与自然和谐相处的自然之子，才能从根本上解决生态危机。置生态环境于不顾，生态道德观念不强，不遵循自然规律，盲目开发等，造成了生态失衡的恶果。保护草原的生态环境，要大力加强生态道德教育，不断促进人们生态道德的提升，用生态道德的提升促进人们增强对草原的保护意识。

只有对自然、对草原有着深深的爱，才会高度的自觉与自然和谐相处。人类与自然的不可分性，特别是在人类走向工业社会的今天，大工业的不断发展、市场对利益的无止境追求，在给人类带来好处的同时，也给人类的

草原

生存环境带来了许多挑战与破坏，在这样的情形下，我们对草原的关注与厚爱将变得非常重要、非常值得，因为保护草原、爱护草原实际上就是保护我们自己。

锡林郭勒的绿色明天

锡林郭勒草原是京、津地区及华北地区的重要生态屏障。加速治理草原退化、沙化、水土流失，不仅有利于实现草地资源的永续利用，促进地方经济的可持续发展，而且对于改善周边地区乃至更大范围的生态环境具有重大意义。

锡林郭勒草原的草地资源、土壤资源、水资源等状况曾在20世纪80年代做过系统的普查。至今已过去二十多年，草原的自然状况发生了很大的变化，要想从根本上治理恶化的草原生态环境，必须全面、准确地掌握草

环保进行时丛书
HUANBAO JINXING SHI CONGSHU

原的现状资料。因此有必要对草原的现状进行一次综合性各学科的详查，根据普查结果，按草原现状进行科学的论证与规划，因地制宜地把生态环境建设搞好。要保证生态环境建设工程的植被类型与区域水资源、土壤的条件相匹配，遵循自然规律，切实做到适地适水适草。在生态建设、水土流失治理、沙源治理工作中，合理配置工程措施、生物措施以及草、灌、乔，科学确定草种、树种和林种比例。把生态效益、社会效益和经济效益有机地结合起来。同时要充分发挥各类科研院所和专业人才的作用，指导生态环境建设。同时应建立起生态系统的监测网络，以便对整个生态系统的发展变化、实施治理后的成效及作用，对组成生态系统各因素的影响做全面的监测，为今后的工作提供更可靠的依据。

随着我国社会主义市场经济体系的逐步建立，法制体系也逐步形成。近十几年来我国先后颁布了《草原法》、《土地法》、《水土保持法》、《环境保护法》、《防沙治沙法》等法律、法规，对草原的开发、保护、建设有着明确的规定。近年来，各地深入贯彻落实《草原法》和《国务院关于加强草原保护与建设的若干意见》，出台了一系列政策，采取了多种措施，广泛宣传动员，层层落实责任，不断推进和完善禁牧休牧制度。截至2005年底，全国禁牧草原面积5.7亿亩，休牧草原面积5.4亿亩，取得了良好的生态、经济和社会效益。草原植被得到初步恢复，生态环境明显改善。内蒙古西部地区禁牧区草原植被覆盖度提高10%～20%，牧草高度增加5～25厘米，亩产草量提高15～25千克。锡林郭勒盟牧草盖度提高7%～10%，牧草高度增加4～15厘米。

为了保护草原，从2000年开始以京津风沙源治理工程为首的一系列生态治理工程在内蒙古实施，春季休牧、禁牧轮牧、草畜平衡、生态移民等牧民们原本陌生的词汇开始与锡林郭勒牧民们的生活息息相关。从2002年开始，为保护草原脆弱生态，恢复草原植被，锡林郭勒盟实施了以"围封禁牧、收缩转移、集约经营"为主要内容的围封转移战略。他们以春季休牧为主，辅助全年禁牧和划区轮牧的方式实施禁牧。从2004年起每年的4月、5月份是内蒙古草原的春季禁牧期。为了草原顺利返青，这期间内蒙古不少草原禁止牲畜进入，在为期30～45天的禁牧期，蒙古族牧民需要改变祖先传下来的放牧方式，在棚舍里圈养牛羊。通过几年的治理，锡林郭勒大草原生态总体恶化的趋势得到有效的遏制，全盟的浮尘、扬尘和沙尘暴天气明显减少，由2000年的27次下降到2005年的6次；全盟草原植被平均盖度由1999年的30%提高到2006年的45%，西部荒漠半荒漠草场植被平均盖度由17%提高到41%。浑善达克沙地流动半流动沙丘面积由2001年的7120平方千米减少到目前的4053平方千米。

锡林郭勒草原

环保进行时丛书
HUANBAO JINXING SHI CONGSHU

通过锡林郭勒盟各族人民的共同努力，草原的生态得到了改善，绿色大地重归草原怀抱。天蓝了，水清了，山绿了，民富了，美丽辽阔的锡林郭勒大草原，又以它莽莽苍苍、雄浑万里的气势和悠悠千载、壮阔博大的情怀吸引着国内外游客。锡林郭勒草原重新焕发了勃勃生机，再次成为人们向往的天堂草原。

四、坚持治沙战略

几十年来，宁夏人民为了抵御风沙的袭击种草植树、治沙固沙，取得了瞩目成就。尤其是处于素以沙峰大、沙粒细、易流淌著称的腾格里沙漠边缘的沙坡头人，硬是走出了这片翰海里千年演绎的遇风飞扬流动，似大海涌浪湮没过昭君出塞的芳径、埋葬过丝绸之路古道的作孽怪圈，用"麦草方格"——扎制治沙草障，在沙障内种植沙生植物，组成固沙护林体系，成功地阻止住了桀骜不驯的腾格里沙漠向内进攻，创造了沙漠树林、沙漠绿洲、沙漠草原，创造出了令世人刮目相看的奇迹。

沙坡头治沙工程是所有治沙中的典型代表。从1956年开始，特别是1958年包兰铁路通车运行后，为了确保这条西北交通大命脉畅通无阻，宁夏的治沙工作者、科技工作者和人民群众艰苦探索，创造出了以"麦草方格"为主的"五带一体"综合治沙工程体系。用最经济、最简洁、最原始的方法成功地制服了沙魔，在流动沙丘上营造出了绿洲，解决了治沙的世界难题。

麦草方格固沙法是经过几十年不断试验研究总结出的一套最简单最有效的固沙方法。它采用普通的麦草在沙丘表面扎成80厘米×80厘米的方格，麦草植入沙地约30厘米，并要求二带麦草的重量应在0.6千克左右。麦草高度约为25厘米。这样一来就可将距地面1米处的风速降为零，从而阻止沙丘移动。麦草方格寿命一般为3～5年。沙埋路两旁的麦草方格，由于麦草表面会形成一层有机灰尘保护膜，寿命稍长，约为5年。在雨水相对多一些的季节，在方格里植入适合在沙漠生长的灌木种子，并对灌木保持灌溉。经年累月存活下来的灌木有效地起到了固沙的作用。经过人们几

宁夏治沙

十年的努力，终于在沿铁路两侧连绵不断的沙山上布下了一张绿色巨网，这张网宽近千米、长近70千米，形成纵横几万亩的固沙林带。昔日吞村毁舍、席卷大地的黄沙被绿色巨网牢牢捕获，再也未能逞凶。绿色巨网曾经历了百年不遇的大沙暴的袭击，仍然安然无恙。由于麦草方格治沙技术投资少，见效快，因此在全国甚至全球得到了推广。各国科学家惊叹："这

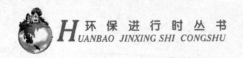
是世界奇迹！是世界一流的治沙工程！"如今，沙坡头屹立于世界治沙、生态和环保三大科学高峰上。2007年5月8日，沙坡头被批准为国家5A级旅游景区。

由于麦草方格的治沙方法只是在铁路沿线实施，所以针对目前沙坡头沙化的现状以及人们在开发旅游设施时对环境的破坏等一系列问题，我们还必须实施治沙战略，结合麦草方格的治沙方法，研究新的治沙手段。

在使用麦草方格治沙的同时，辅以种植沙生植物。尤其是在麦草方格上种植，效果会更好。多数的沙生植物有强大的根系，以利多吸水分。一般根深和根幅都比株高和株幅大许多倍，均匀地扩散生长，避免在一处消耗过多的沙层水分；为了减少水分的消耗，减少叶面的蒸腾作用，许多植物的叶子缩得很小，或者变成棒状或刺状，甚至无叶，用嫩枝进行光合作用。有的植物表皮细胞壁强度木质化，角质层加厚，或者叶子表层有蜡质层和大量的茸毛被覆；为了抵抗夏天强烈的太阳光照射，免于受沙面高温的炙灼，许多沙生植物的枝干表面变成白色或灰白色；很多沙生植物的萌蘖性很强，侧枝韧性大，能耐风沙的袭击和沙埋，沙埋后由于不定根的作用，仍能继续生长。

扩大麦草方格固沙的范围。尤其是在黄河两岸，不仅要禁止随意

麦草方格固沙法

耕伐、放牧活动，而且要种植固沙耐旱型植物。对于稍远处的沙丘，尽量铺设麦草方格，并辅以沙生植物，达到固沙效果。

合理管理旅游景区。对于靠近黄河的沙丘，禁止随意实施人为的推动，防治流沙现象的出现。规范旅游场地，提高人们的环保意识。否则，沙坡头背后的腾格里沙漠必将长驱直入，截断黄河，吞噬大片土地。到时候，估计不仅没有景区可以参观，就连塞上明珠也会消失了。

五、综合治理，长远发展

武夷山虽然为武夷岩茶提供了优厚的自然种植条件，但是为了武夷山的整个生态系统以及茶产业和武夷岩茶文化的长远发展，修复武夷伤害的行动势在必行。防止随意开辟茶园，防止水土流失，成了当前的主要问题。解决这一问题的主要方法是山、水、田的综合治理。

首先，要对武夷山茶园进行普查。根据茶园所处的位置及风景区景观要求对风景区内茶园实施退、控、改三种改造措施，即旅游线路两旁及景点周围退茶还林，保证景观质量。武夷山主景区内五个景区采用控制茶园的方式，逐步退茶还林、还草；在其余区域不影响景观的地段可采取茶园套种阔叶林的方式，以尽量减少种茶与景区绿化的矛盾。

山脊上和陡坡上的茶地不仅影响景观，且对林地植被的破坏十分严重，会造成严重的水土流失，应引起足够的重视。应有计划、有步骤地退茶还林、还草，对山脊上和陡坡上的茶地进行封山保护。对于一时无法停

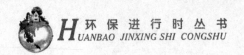
止耕种地应将其梯度化，以减少水土流失。在一些缓坡处清除茶苗后，适当种植一些阔叶树种或先锋树种，如青枫、米槠、栲木、黄楠、木荷、马尾松等，用以保持水土。

其次，师法自然，采取科学的措施进行茶园培育。老茶园的科学培育方法应用历史悠久，不仅保护了土壤层和植被，且茶叶品质优良，应总结老茶园科学培育技术进行应用，如实行等高种植，因地制宜修筑各种梯田，开设隔离沟、截水沟以及间作绿肥等，但最重要的是茶园行间铺草，有效保护景区内的植被，解决茶园垦复与景区植被保护的矛盾。同时，着力改变茶园经营方式，提倡使用农家肥、有机肥和无毒、低毒农药，减少化肥、农药对土壤的影响，进而减少对九曲溪水源的污染。

再次，要培育茶园良好植被和优化种植结构。目前茶园植被差异性较大，种植结构也不尽合理，影响了茶园的生态环境，降低了抗御灾害的功能，加剧了水土流失。优化调整种植结构，合理配置利用共生资源，改变

茶园

单一种植模式，大力推广茶、草、树并存的生态环保型种植技术，保持水土良性循环，互为利用，共生共存，达到茶茂、草青、树绿的效果，促进和谐发展。培植茶园植被，改善生态环境，着力推广矮化草种。适宜茶园种植的草种有百喜草、平托花生、圆叶决明等。要在茶园梯壁、土埂和边坡上大力推广种植这三种草类，提高茶园植被覆盖度，减轻水土流失。茶园耕除作业，宜用人工除草和刀割劈草法，有利于植物的循环再生，有利于保护茶园植被和固土护壁、护坡，提高茶园的生态环境质量。

最后，构建茶园防范水土流失的体系。导致茶园水土流失主要来源于山洪暴发。山洪暴发引起地表径流和泥石流，造成表土和泥沙倾泻俱下，使茶树露根和茶园伤痕累累，严重影响了茶树的正常生长和周边的生态环境；同时水土流失还会带走大量的土壤有机质，致土壤肥力急剧退化，生物链被破坏，造成减产减收。因此，要加快构建茶园防洪减灾体系，夯实基础设施，如建设茶园节流排涝设施，

茶园

挖鱼鳞坑、竹节沟、防洪沟、蓄水池等，发挥截留、疏导和排水的作用，减轻山洪侵蚀土壤程度。

在做好以上几点的同时还要保护茶园生态环境平衡发展，对茶园周

环保进行时丛书
HUANBAO JINXING SHI CONGSHU

边的林木、内在植被、动物等都要加以保护，力求达到人与自然界和谐统一和均衡发展。做好武夷山的茶树种植工作，不仅可以起到水土保持的作用，而且可以促使武夷岩茶茶叶发展进入良性循环状态，也对整个生态系统起了保护作用。

六、积极治理，共同关注

三峡工程是全世界最大的水利枢纽工程，历时十多年建设，目前已经开始全面发挥防洪、发电、航运等综合效益。但其近几年所面临的"水华"问题，仍然没有得到彻底解决。经过科学家、环境学家、有关专家学者几年的考察研究，已经初步探明了"水华"发生的一些机理。面对如此严峻的问题，应从以下几个方面着手解决。

1.全面建立监测预警机制。

三峡库区及其上游地区经过多年的污染治理，取得了一定的成效。但由于环境保护基础比较薄弱，环保投入有限，库区仍然面临着库区废水达标率低，污水处理设施严重不足，水体污染趋势加重的问题。

调查显示，在三峡库区建设的多个污水处理厂，根本就没有除氮脱磷的技术，这或许是三峡库区"水华"肆意生长的原因之一。有关专家指出，国家为三峡水环境保护投入巨资修建污水处理厂，然而效果有限。2001年10月，国务院批准实施《三峡库区及其上游水污染防治规划》，总投资392.2亿元，在库区及其上游建成城市和县城污水处理厂50座，垃圾处理场40座。由于是国家出绝大多数的费用，很多地方不顾实际情况的需要，肆意扩大污水处理厂的规模。建成以后才知道运行经费要污水处理厂自收自支，因此，大多数污水处理厂建成后都几乎没有运行。有关人士透露："国家环保总局在2005年到库区去检查时发现，有接近70%的污水处理厂根本没有运行，或者只是偶尔运行。"

针对这种情况，国家应建立检测预警机制，实时对污水的处理情况进行跟踪监测，或是对库区内的水源状况进行定期的抽查评定，将国家的污染防治规划落到实处，真正为库区"水华"的治理把好关。

2. 加强污染源的控制，努力减少污水的直接排入。

经调查发现，城市生活垃圾目前只是进行过简易处理，生活垃圾无害化处理率不足7%，大部分垃圾是沿岸堆放，这样极易掉入江中，污染江

三峡水库

水。而工业固体废物多数就地堆积，部分直接排入江河。大量的船舶将没有经过净化处理的生活污水直接排放到长江，污染水质，对三峡库区的水环境安全构成重大威胁。据环保部门测算，重庆市的各类运输船舶每年产生垃圾约4.2万吨，生活污水1500多万吨，含油废水100多万吨。然而这些污水，只有约1%经过处理……此外，库区生活污水集中处理率不到10%。库区次级河流污染严重，56%的河段水质不能满足水域功能的要求。同时，重庆主城区、涪陵区、万州区等城市江段已经形成岸边污染带。

面对如此令人触目惊心的数据和景象，长江沿岸各地政府应从本地的实际情况出发，制定科学、有效、可行性高的方案，管理和号召当地人民、当地工厂、过往船只减少污染物的排放量，爱护长江。必要的地区可加大对垃圾的回收利用率，从根本上解决垃圾对江水的污染问题。

3.采用水库调度的办法来加强水的波动、变动。

藻类得以大量繁殖的条件之一就是水体的不流动，因而可以采用水库调度的办法来加强水的波动、变动，破坏藻类赖以生存的环境，以此达到减缓或是控制藻类的生长繁殖。

4.抑制藻类的生长。

针对大量藻类的快速繁殖，可以通过其他一些植物性的药物的办法抑制藻类的生长。比如，通过生态操纵的办法，在水中放置吃这些藻类的鱼类，以此对藻类进行控制。

但是这种方法只能作为辅助手段进行，因为大量吃藻类的鱼类的入江，会增加水中的氧气需求量，在缺氧的环境下，会对江中原本的鱼类生存构成威胁，而且还会破坏生态平衡。

5.退耕还林，增加长江流域的水源涵养。

由于滥伐森林和毁林开荒，长江流域的森林覆盖率大幅度下降，其中库区的森林覆盖率仅为21.7%。长江流域大量的天然林遭到砍伐，涵养水源功能呈明显下降趋势，进而保土拦沙能力也会下降。由于多年来对草地采取粗放式的经营方式，退化的草地已达750万公顷，沙化草地已达5万公顷。生态环境的恶化导致河流年径流量减少。另外，三峡库区及其上游陡坡的垦殖现象十分普遍，仅库区坡耕地就占耕地面积的74.3%，不合理的农业开发造成大量的面源污染进入江河，加剧了水污染。

三峡库区有着丰富的水资源，近几十年来，由于各方面的原因，库区的水环境遭到不同程度的破坏、污染。如今，全面保护、综合治理三峡库区的水环境迫在眉睫。面对如此严峻的形势，相关部门应加大退耕还林、退耕还草的力度，坚决制止不合理的农业开发对水源的浪费及其污染。

随着库区经济的发展、社会的发展以及三峡工程库区移民的安置，如果不采取强有力的污染防治措施，工业生产和日常生活的排污量还将大量增加，人为破坏生态环境的现象仍会继续存在，将会对三峡库区水环境造成更大的压力。由于经济发展水平低，库区水污染防治工作量大面广，生态环境的严峻形势，所面临的诸多问题归根到底还不能得到有效解决。鉴于三峡库区的特殊性，建议国家相关部门，按照三峡电站的受益省市和长江上、中、下游区域间的经济发展水平，建立生态补偿机制，对三峡库区

污水、垃圾项目的运行进行补偿，确保建成项目能正常运行，切实改善三峡库区的水污染问题。

三峡库区所贮存的水资源是我国的主要战略资源，解决好三峡库区水污染防治问题，是我国实施可持续发展战略的重要保障。我国区域间经济发展不平衡导致了保护环境能力的差异，需要由国家加以引导，建立和完善相关的调控手段。

作为世界上最大的人工水库以及半封闭水体，三峡水库蓄水后的水质问题仍需要全社会的积极参与、共同关注，需要各方面的专家学者献计献策，为三峡库区的环境改善贡献自己的一份力量。

长江三峡

七、让瀑布奔流不息

全国著名的名胜景区之一——黄果树瀑布正面临着断流的局面，实在令人扼腕叹息。今天的黄果树瀑布已远离了教科书中描写的辉煌，取而代之的是"几行清泪"的凄清景象。

是我们不知道黄果树景区水资源枯竭的原因吗？是观念问题？是制度问题？还是利益问题？

通过多年的研究观测，环境地理学家认为，黄果树瀑布流域的岩溶地貌、气候、水文、植被等，构成了一个自然生态系统。而岩溶灌木林的减少、农作物的变化、耕地面积扩大、农业用水量增加、水库拦蓄用水等，构成了人为生态系统。气候问题是人力难以改变的，但对岩溶地貌的人工改造使用、河湖水库的水文条件、植被的恢复等，却是可以恢复其自然生态的。

随着人们意识形态的提升，为了自然生态的科学、合理的需要，当地林业、农业、水利、国土、环保、旅游等部门采取了控制非农业建设用地，确保基本农田面积，进行土地开发整理复垦等措施已取得了初步的成效。还有几项能够从根本上改变黄果树瀑布命运的大型项目虽早已立项，却迄今也没有资金实施。这一切都需要大量资金，而窘迫的财力显然对此力不从心。除了国家相关部门在资金上的资助外，以下几个方面的措施也不可忽视。

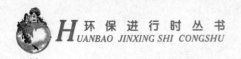
1.制止以经济利益为核心的旅游开发方式。

坚决制止人工化的以景区营利为目的的开发、改造工程。对景区自然形态的改建会使生态系统遭受破坏、森林面积减少、污染物排放量增长……然而某些人为了牟利不顾对环境产生的影响、不顾相关政策的规定而大肆修建现代设施。

据说，2001年由某旅游公司投资的陡坡塘瀑布景区开发施工工地被黄果树景区管理委员会下令停工。据了解，这样的事情已经发生过多次。同样被下令停工的还有黄果树宾馆保龄球馆等工程，而以大型电扶梯替代现在索道的项目进展得也并不顺利。黄果树景区管理委员会有关人士解释，

昔日黄果树瀑布

对陡坡塘等项目作出停工决定，是因其没有办理相关的手续，甚至干脆就是无项目立项手续、无环境质量评价、无规划审批手续、无建设施工手续的"四无"工程。按理来说，在景区内任何开发、改造、经营行为，未经地方政府批准和特许，均为违法或违规。然而旅游公司却说是经过管理委员会批准的，只是换了个地方而已。

总而言之，对于黄果树景区的工程，相关部门应加大政策力度，设立相应的法规、规章，从根本上制止其对景区的"窥探"，最大限度地保证景区的良性发展。否则大量工程的"入住"，会使得本地的水资源需求更加紧张。

2.保护自然生态体系。

由于黄果树景区的常住人口众多，加之国内外大量旅客的造访，景区内的垃圾日渐增多，堆积如山的垃圾污染了环境，其中最重要的是对土壤、水源的污染。据调查，黄果树景区几乎所有的宾馆、餐馆、旅店都没有专门的污水处理设施，加之上游的一些企业和小煤窑对河道的污染，景区水质污染逐渐加剧。

针对如此紧迫的问题，相关部门新建了完善的排污系统以

陡坡塘瀑布

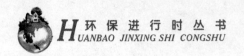

及3个污水处理厂和1个以垃圾为原料的有机复合肥厂，以此根治景区的环境污染问题。

消灭了大量垃圾造成的污染，从某种程度上来说，就是保护了树木、保护了土地、保护了水源。此外，还应协调上游各水库统一调水，即上游小旅游服从下游黄果树大旅游的需要，保证黄果树瀑布水长流。

3. 加大植树造林的力度。

森林覆盖率过低对涵养水源形成了巨大的挑战，大量雨水的流失，对瀑布的形成会起到一定程度的影响。

为了提高岩溶地貌造林的成活率，促进速生丰产，针对岩溶地貌上层干旱、保水性能差等客观条件，采用爆破挖大坑、造林植树等方法，恢复流域内的森林植被。

面对挑战，当地有关部门制定出了植树造林的发展规划。在众多的规划项目中，黄果树风景名胜区自然生态环境保护与重建及治理项目为重中之重，工程实施的重点是黄果树景区及其周边地区的石山、半石山和农耕地整治，最大限度地增加景区的森林面积。有关部门应跟踪规划的具体实施情况，根据具体情况，加大植树造林的力度，因为种植一定规模的树木才能起到涵养水分的作用。必要的话，应采纳专家们建议的上游地区实施大范围的退耕还林和封山育林，扭转瀑布水量逐年减少的趋势。

4. 让农业产业结构调整与景区生态恢复相结合。

实行农业产业结构调整与景区生态恢复相结合是保证黄果树瀑布水流

量的重要手段。恢复冬季小麦、油菜、荞麦等作物的种植面积，进一步扩大生姜、蚕豆、地萝卜、反季节蔬菜的种植面积。保护耕地在秋、冬季增绿，可起到"雨季保水，旱季渗水"的效应。

5.帮助人们树立保护自然、爱护环境的意识。

除了国家出台的相应政策、实施的具体措施外，当地居民和游人的行为也会对黄果树景区产生很大的影响。这就要求相关部门进行积极有效的宣传，帮助人们树立保护自然、爱护环境的意识。当地人尽量做到不乱砍滥伐、不过度开垦，垃圾及时处理；游人尽量做到文明旅游、绿色旅游，不乱扔垃圾，不破坏景区设施，不污染水源，尽可能地做到爱护景区的一草一木，一山一水。

尽管已经采取了植树造林的措施，但是小树苗不可能一种下去就可以涵养水源，小树苗在贫瘠的薄土上缓慢成长需要相当长的一段时间，在此期间，人们对现有的树木的爱

陡坡塘的动物们

环保进行时丛书
HUANBAO JINXING SHI CONGSHU

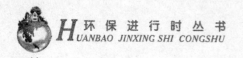

护是极为重要的。

6.管理到位，责任明确。

据了解，由于黄果树景区地处两县，管理体制长期难以健全。有利可图时，两县便大力争抢；出了问题时，两县便相互推诿。甚至一些农民在大瀑布顶上的岸边修建了许多严重影响景观的违章建筑也无人过问。混乱的管理，过量的建筑，日渐恶化的生态环境，成为黄果树瀑布面临断流尴尬的症结所在。

所以，相关部门应尽快划分责权、明确责任，尽快将黄果树景区混乱的局面扭转过来，真正为黄果树瀑布的长远发展做出一份贡献。

黄果树瀑布，是大自然赐予人类的礼物。景观的雄奇伟岸、斑斓锦绣是不需要人工进行雕琢的，它需要的是保护，是精心的呵护。

让我们携起手来，从实际的行动入手，让瀑布奔流不息。

八、保护湿地，拯救洞庭湖

造成当今洞庭湖地区日益严重的环境问题的原因多种多样，其中湿地遭到破坏是一个重要原因。

洞庭湖地区出现的罕见鼠患，从表面上看，是由于田鼠的天敌被人类捕杀造成的，例如猫头鹰和野生蛇的数量急剧减少等，但是，根本原因却在于湿地环境的破坏。

由于洞庭湖湿地环境被破坏，水域面积急剧减少，从而形成了有利于田鼠生活的环境，导致了田鼠的大量繁殖。而当雨季来临，上游泄洪导致洞庭湖水位上升，淹没原来裸露的土地时，田鼠被迫四处逃亡游窜并祸害所经之处，形成鼠患。

同时，人类人为捕杀某些动物，也加剧了生态平衡的破坏。湿地破坏严重威胁到生物多样性，生物多样性的破坏必将威胁人类的生存环境。

从20世纪40年代末期到现在，洞庭湖水面缩小40%，蓄水量减少34%，近年来湖泊调蓄功能下降，洪涝灾害加剧。由于这些湿地许多位于重要的工农业生产区，湿地范围内人口密集，对湿地环境造成了巨大的压力。由于工农业生产和人类生活用水，

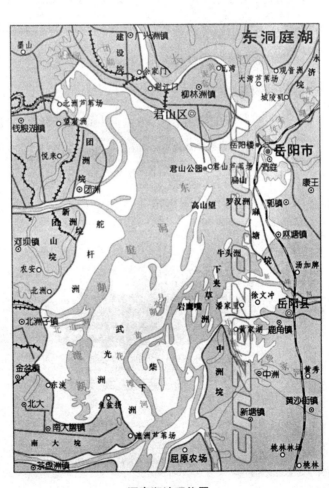

洞庭湖地理位置

环保进行时丛书
HUANBAO JINXING SHI CONGSHU

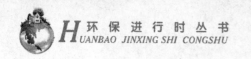
环保旅游中的点点滴滴

这些湿地的水环境更是面临着严重的污染、侵占和破坏，造成了湿地水资源的枯竭和湿地环境退化的威胁。

加强洞庭湖湿地地区的生态环境保护，已经刻不容缓。湿地保护，最重要的是保护湿地水环境。湿地水环境即湿地的水质、水量状况，保护湿地的目的是为了使湿地能够长期稳定并最大限度地发挥其经济、环境和社会效益，实现湿地生态的可持续发展。从国际湿地公约的名称看，其最初的主旨在于保护以水禽为代表的地球生物多样性。而没有充足的水源和适宜的水环境，湿地就会退化和萎缩，在其中生活的水禽和其他生物也就失去了物质基础。

近年来，湿地国际组织在保护湿地的国际活动中把湿地水环境的保护提到了重要位置。2003年的世界湿地日主题甚至提出"没有湿地就没有

洞庭湖湿地

水"的号召，足见湿地水环境保护的重要性和迫切性。湿地存在的最重要的条件是必须有比较充足的水，在今天加强湿地保护与管理成为人们的共识之际，必须对湿地水环境进行有效的管理，以确保合理利用湿地水资源，为湿地的健康和可持续发展奠定基础。

首先，要通过立法来保护湿地。

湿地保护需要行之有效的法律。在国际上通行的做法是建立全流域和湖泊范围的综合治理委员会，统一协调管理。洞庭湖的湿地保护也是如此，通过法律作为约束，使政府的管理逐渐趋向合理化。

进入21世纪以来，中国的湿地保护工作进一步得到加强，国家制定了一系列的湿地保护政策。2000年，国家17个有关部门共同制定了《中国湿地保护行动计划》；2003年，国务院原则同意了《全国湿地保护工程规划》；2004年，国务院办公厅发出了《关于加强湿地保护管理工作的通知》；2005年，国务院又批准了《全国湿地保护工程实施规划》，这些政策的出台标志着中国正在逐步全面地推进湿地保护。在国家的推动下，一些地方政府也制定了当地的湿地保护条例，对各地的湿地保护起到了促进作用。

鉴于洞庭湖湖泊湿地保护的特殊重要性，建议就洞庭湖湿地的保护和管理单独进行立法，以实现对洞庭湖湿地保护、恢复与管理成果的巩固和维系。

其次，建立统一的管理机构，进一步完善湿地水环境保护管理体制。

洞庭湖分属东、南、西三块，分别为岳阳、益阳、常德三个行政市属

洞庭湖大桥

辖。由于各部门对湿地的保护、开发利用和管理方面的责任、权利、义务不明确，在实际中各行其是，各取所需，相互之间出现众多矛盾，从而影响了湿地的科学保护和合理利用。

权限的割裂不仅造成了洞庭湖"诸侯分治"，管理难以到位，更吸引了越来越多的利益主体争相掠夺洞庭湖资源。湖区的危机表明，建立统一协调的管理机构势在必行。另外，建议将湿地保护的内容加入到环洞庭湖地方领导的政绩考核中。

再次，大力鼓励社会共同参与。

湿地保护不仅需要政府有关职能部门的管理和政策指导，而且需要科研、教育以及各类社会团体的广泛参与。在中国湿地水环境保护方面，应该大力发扬社会组织的作用，同时，还要充分利用报刊、广播等媒体，对普通公民进行宣传教育，使每一个公民都懂得湿地的重要性，从而增强公众保护湿地的自觉性。政府各有关部门和社会团体以及普通公民应该团结合作，建立有利于调动各方面积极性的湿地保护工作机制，形成政府主导、社会参与以及两者互相支持、紧密合作的良性关系，通过政府和社会的共同努力，实现湿地保护的目标和任务。

长期以来，在发展经济的同时，人们蔑视自然，信奉人定胜天，将环境成本计算为零；甚至为了发展，还要"适当"破坏一下自然。如今，大大小小的"破坏"，在不同的区域、不同的时段，酿成了各种生态灾难。

人类文明史告诉我们：自然地理环境将决定人类文明的兴衰。生态演变与人类文明的关系为"顺生态规律者昌，逆生态规律者亡！"这是古今中外人类文明发展的一条定律。古埃及、古巴比伦、中美洲玛雅文明等古文明之所以失去昔日的光辉，或者消失在历史的遗迹中，其根本原因是破坏了人类赖以生存的基础——生态系统。

生态文明是一切文明的基础。曾经的洞庭湖，激荡着李太白的"且就洞庭赊月色，将船买酒白云边"和"巴陵无限酒，醉杀洞庭秋"；回旋着白居易的"愁见滩头夜泊处，风翻暗浪打船声"；长吟着姜白石的"洞庭八百里，玉盘盛水银"；那磅礴的气势，那浩大的胸襟以及长歌当哭的忧思令我们倾慕不已。

保护洞庭湖的生态环境，维护洞庭湖的生态平衡，刻不容缓！

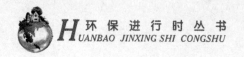
 九、海岛的生态旅游之路

为了使海岛旅游能够可持续发展，为了能够使更多的人享受到海岛的自然风光，海岛旅游必须走生态旅游的道路。生态旅游是基于自然的、可持续的旅游和娱乐，强调的是一种行为和思维方式，即保护性的旅游。海岛生态旅游以保护海岛自然环境和生物多样性、维持资源利用的可持续发展为目标，以旅游促进生态保护，以生态保护促进旅游，它不会破坏自然，使人们在旅游过程中充分感受到海岛自然风光的美丽，同时还会使海岛从保护自然资源中得到经济收益。

海岛生态旅游开发原则

海岛生态旅游的开发遵循一定的科学原则尤为重要。从国内外海岛生态旅游发展的理论和实践来看，制定其生态旅游规划，实施生态旅游开发时，主要应遵循以下原则：

(1)永续利用原则。"永续利用"是时代的产物，它是一种使人类在开发旅游资源时不但顾及当代人的经济需要，而且还顾及不对后代人进一步需要构成威胁和危害的发展策略。尽管它不意味着为后代和将来提供一切，造就一切，但它却通过对经济效益、社会效益、生态效益三者的协调，使当代人用最小的代价获取最大的旅游资源利用，造福子孙后代。

(2)保护性开发原则。要使海岛生态旅游资源可持续利用，就必须加强对旅游资源的保护。针对其生态旅游资源的开发而言，开发和保护的关系应体现的总原则是：开发应服从保护，在保护的前提下进行开发。资源得到妥善保护，开发才能得到收益；开发取得收益，反过来可促进保护工作。但是，一旦开发与保护出现矛盾，保护对开发有绝对否决权。

(3)特色性原则。海岛生态旅游资源贵在稀有，其质量在很大程度上取决于它与众不同的独特程度，即特色。有特色，才有吸引力；有特色，才有竞争力，特色是旅游资源的灵魂。

(4)协调性原则。海岛生态旅游资源开发必须与整个生态区的环境相协调，既有利于突出各旅游资源的特色，又可以构成集聚旅游资源的整体美，使游客观后感到舒适、自然。

(5)经济效益、社会效益和环境效益相统一的原则。市场经济就是追求效益最大化，海岛生态旅游作为旅游的一种形式，也追求效益最大化，但这个效益不仅是指经济效益，还包括社会效益和生态效益，三者必须高度地协调统一。而当三者出现矛盾时，以生态效益和社会效益高于一切为指导原则，即经济效益必须从属于上述两种效益。实际上，当生态效益和社会效益达到最大化、最优化时，其经济效益肯定也是相当可观的。

海岛生态旅游中的具体环保内容

由于海岛的面积有限，水资源贫匮，历史文化单一，所以它们的环境系统十分脆弱，自我恢复能力很低，其生态环境的破坏往往是无法逆转的，而进行治理成本非常高。因此，在开展海岛旅游过程中，要特别注意对以下具体对象进行保护。

海龟

(1)对环境容量的把握。海岛生态旅游开发应充分考虑到当地的环境承载力，以此为标准来控制游客量，避免对资源的过度利用和对生物资源的破坏。

(2)对土壤、地貌和风光的保护。旅游开发要以保护海岛为第一要务，不得随意改造海岛地形、建造地基深的高楼，不得破坏海岛原有风光，应充分利用岛上原有的景观和风光风貌设计生态旅游的项目和设施。

(3)对岛上环境卫生的保护。旅游会带来一定的垃圾危害，因此要多设置垃圾箱，还要制定规章制度，防止游客乱扔垃圾。

(4)对岛上生物的保护。海岛由于特殊的位置和适宜的环境，适合许多生物生长，形成了独特的海岛生物圈。因此，发展旅游的同时要注重对海岛生物的保护。

(5)对海岛文化风情的保护。岛上人们在长期的生活劳动中，形成了自己独特的风俗习惯、居室建筑、婚俗传统、音乐体育、待客礼仪等等。这些文化因素具有浓郁的地方风味，对外来的游客形成强大的吸引力。但是旅游开发势必会在一定程度上冲击海岛文化。因此环境保护还包括对海岛文化环境的保护。

海岛生态旅游中应注意的其他问题

海岛旅游在我国起步较晚，各种相关法律和管理制度还不够完善，因此，这方面要多借鉴国外的成熟经验。具体在开展海岛生态旅游的过程中还应该注意以下几方面的问题。

(1)编制生态旅游资源开发规划。海岛生态旅游资源的开发必须规划，应对海岛的生态旅游资源进行详细的调查研究，建立从可行性论证—开发规划—监督管理的科学可行的开发程序，坚决反对"一哄而上"的无规划的开发。应建立政府直接领导下的海岛生态旅游资源开发协调小组，编制具有指导意义的高起点、高标准、高水平的海岛生态旅游发展规划，以指导和协调其生态旅游资源开发工作，制止海岛生态旅游资源开发中的不良行为。

(2)制定法规，加强科学管理。海岛生态旅游会不会对其生态环境产生负面影响，是弊大还是利大，并不取决于是否开发旅游，而是取决于是否在这一过程中实现了科学的管理。要保护海岛生态环境，就要加强科学管理，而科学管理的基础在于完善的法制。因此，开发海岛生态旅游必须有切实可行的法规作保障，并加强对其生态旅游区的科学管理，做到"以法兴游、以法治游"，杜绝一切破坏海岛生态环境资源的现象。

(3)完善服务设施，提高服务水平。海岛生态旅游作为一种旅游产品，旅游接待设施和服务都是不可忽视的开发内容。必须创造出可供游客逗留的环境，这既包括硬件设施，也包括软件方面的服务和管理，两者缺一不可。必须全方位地开发食、住、行、游、购、娱六大要素互相配合的项目，进行综合性的开发。

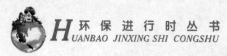
(4)加强海岛生态旅游的研究和人才培养。海岛生态旅游需要高素质的专业管理人才和服务人才。应利用旅游院校、培训班、专题讲座、学术会议等各种形式及请进人才、派出学习等办法，培养一大批海岛生态旅游方面的专业人才，加强对其生态旅游理论和规划方面的研究，为海岛生态旅游可持续发展提供人才保障。

第四章

低碳旅游，新时代的选择

一、什么是碳平衡与旅游碳足

碳平衡，又称碳中立，是指中立的(即零)总碳量释放，即透过排放多少碳就做多少抵消措施，从而达到碳平衡。碳平衡是现代人为减缓全球变暖所做的努力之一。利用这种环保方式，人们计算自己日常活动直接或间接制造碳补偿的二氧化碳排放量，并计算抵消这些二氧化碳所需的经济成本，然后个人付款给专门企业或机构，由他们通过植树或其他环保项目抵消大气中相应的二氧化碳量。

生态足迹也称生态占用，由加拿大里斯教授在20世纪90年代初提出，指在现有技术条件下，指定的人口单位内(一个人、一个城市、一个国家或全人类)需要多少具备生物生产力的土地和水域，来生产所需资源和吸纳所衍生的废物。生态足迹通过测定现今人类为了维持自身生存而利用自然的量来评估人类对生态系统的影响。

生态足迹的计算是基于两个简单的事实：①我们可以保留大部分消费的资源以及大部分产生的废弃物；②这些资源以及废弃物大部分都可以转换成可提供这些功能的生物生产性土地。通过生态足迹的计算，可以非常直接明了地告诉我们：某一地区、某一城市乃至某一国家的人们，为了维持目前的生活水平，所需要的可生产土地和水域的面积。生态足迹理论是一种非常直观有效的理论，有利于我们转变思考问题的视角和方式，从而对目前的全球生态问题有更深刻和更全面的认识。

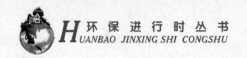
碳足迹是衡量人类活动导致的温室效应增加对环境产生的影响，用单位二氧化碳来表示。一个企业或人的碳足迹可以分为第一碳足迹和第二碳足迹。第一碳足迹是因使用石化能源而直接排放的二氧化碳；第二碳足迹是因使用各种产品而间接排放的二氧化碳。

另外，汉蒙德指出，在绝大多数研究中，经常用碳足迹等同于二氧化碳或二氧化碳当量的温室气体排放量。目前，接受较为广泛的是用碳信托组织所提出的碳足迹的定义。该定义强调碳足迹应该包括产品在投入、产出和生产过程中直接的温室气体排放量，然而部分间接的温室气体排放量，如工人上班从家里到工厂排放的温室气体量。另外，根据《京都议定书》之规定，温室气体主要包括二氧化碳、甲烷、氧化亚氮、氢氟碳化物、全氟化碳、六氟化硫。但是，考虑到甲烷、氧化亚氮、氢氟碳化物、全氟化碳、六氟化硫这些气体的资料收集与计算难度，故不将这些气体纳入计算体系中。所以，本书认为的碳足迹研究对象仅为二氧化碳。根据上述定义分析与说明，本书认为碳足迹定义为：碳足迹是某一活动或产品在生命周期过程中所直接和间接产生的二氧化碳排放量的估量值。

在这个定义中，活动包括个体、人口、政府、公司、组织、生产和产业单位的活动，产品包括过程货物与服务等。在碳足迹计算中，它包括所有的直接(现场，内部)和间接(非现场，外部，上游，下游)所产生的二氧化碳排放量。

旅游来源于拉丁语的"tomare"和希腊语的"tornos"，是指一种往复的行程，即指离开后再回到起点的活动；完成这个行程的人也就被称为旅游者。目前在国际上或国内，主要采用的旅游技术定义，技术定义的采用有助于实现可比性国际旅游数据收集工作的标准化，如世界旅游组织和联合国统计委员会推荐的技术性的统计定义认为，旅游指为了休闲、商务或其他目的离开他(她)们的惯常环境，到某些地方并停留在那里，但连续不超过一年的活动。有学者指出，旅游是在闲暇时间所从事的游憩活动的一部分，它是在一定的社会经济条件下产生的一种社会经济现象，是人类物质文化生活的一个部分。旅游的一个显著特点是要离开居住或工作的地方，短暂地到一个目的地进行活动。

另外，学术界对旅游的理解目前有"大旅游"与"小旅游"之分。"大旅游"是指包括人类休闲时间内从事的所有游憩活动；"小旅游"则指外地旅游者抵达某一目的地的有过夜行为的出游活动，有时包括符合一定的出游时间与出行距离条件的一日游活动。综上所述，旅游是游客从客源地到目的地再回到客源地的一种社会经济现象，涉及吃、住、行、游、购、娱等方面。而在旅游过程中，旅游者的吃、住、行、游、购、娱都需要涉及这些方面的物质载体(如交通工具、宾馆饭店、食物等)，而这些物质载体在产生与销售过程中均会产生二氧化碳，从而产生间接碳排放。

结合上文对碳足迹的定义、旅游的阐述和旅游产业与其

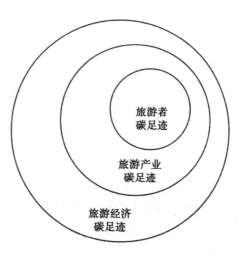

旅游者
碳足迹

旅游产业
碳足迹

旅游经济
碳足迹

环保进行时丛书
HUANBAO JINXING SHI CONGSHU

他行业之间的相互关联性，本研究认为旅游碳足迹涉及的概念有3个，分别为旅游者碳足迹、旅游产业碳足迹和旅游经济碳足迹，三者关系如上页图所示。

因此，对旅游者碳足迹、旅游产业碳足迹、旅游经济碳足迹进行定义，具体如下。

旅游者碳足迹是旅游者在旅游活动过程中所直接和间接产生的二氧化碳当量排放量的估量值，并不包括旅游物质载体生产、制造与分发，和旅游管理部门等为旅游业正常运行而涉及的间接碳排放当量(单位：kg)。

旅游产业碳足迹是为旅游者提供餐饮、住宿、交通、购物、娱乐等服务相关的设施、设备、建筑物等生产与制造产生的二氧化碳当量和保障旅游业运行的行业部门、机构、组织运转而生产的二氧化碳当量之和(单位：kg)。

旅游经济碳足迹是旅游产业活动过程中所直接和间接产生的二氧化碳当量排放量的估量值，包括旅游物质载体生产、制造与分发，旅游管理部门等为旅游业正常运行而涉及的间接碳排放当量，也包括第一、二、三产业间接为旅游业服务而产生的碳排放当量。

二、旅游中低碳

旅游是人类个体暂时离开居住地并在间歇性空间位移过程中的一种赏异性基本权利活动及其引起的现象与关系的总和。

本概念承认旧概念中的两个最基本的要点，即旅游时，旅游者必须暂时性离开常住地一段时间，并会引发一系列现象和关系。不同点有两点：

第一，旅游是人类的一种基本权利。

首先，承认旅游是人的一种基本权利，即是人权的组成部分。世界旅游组织1980年通过的《马尼拉世界旅游宣言》明文规定，作为人的基本权利，世界各国政府及其地方政府，应创造条件努力满足其实现，人类个人所从业的单位也应提供条件满足，这一点以后应纳入各国的旅游法中。具体的表述有多处，例如："在21世纪即将到来之际，考虑到人类面临的问题，在分析旅游现象时，提出职工享有带薪休假的权利，使旅游从原来有限的富人的活动，转变为一种广泛与社会、经济生活相关联的活动，是极为及时和必要的"；"休息的权利，特别是由于工作的权利而带来的度假、旅行和旅游自由的权利，都被《世界人权宣言》及许多国家的法律视为实现人类自身价值的一个方面。对社会而言，每个社会有义务赋予其公民最为实际的、有效的、毫无歧视性的权利，以参加上述活动，在这方面所做出的努力，必须符合每个国家的主次轻重、传统和惯例"；"社会旅游是每个社会为那些最没有机会行使休息权利的公民所设立的目标"；"现代旅游是推行职工每年享有带薪休假的社会政策的结果，同时也是对人类和娱乐基本权利的承认"。1982年8月21—27日在墨西哥阿卡普尔科城召开的世界旅游会议，进一步讨论了如何实施《马尼拉世界旅游宣言》，所形成的《阿卡普尔科文件》明文阐述旅游这一人类基本权利的有关内容："为使人人能享有旅行和度假的权利，必须呈现必要的国家间的团结，以在将来达到一种

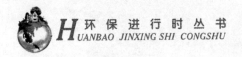
均衡的形势，满足各阶层人民尤其是最卑微阶层人民度假的权利"；
"休息的权利正如工作的权利一样，必须得到确认而成为人类幸福的一种基本的权利，不言而喻，人们有权使用空闲时间，尤其是尽可能广泛地使用假日的权利"。《可持续旅游发展行动计划》则认为，"自然与文化被视为人类共同的遗产，它涉及人们对人权及高质量生活的理解"。

其次，旅游只有作为基本权利才能保障它在可持续发展中的代内和代际的公平拥有与公平的实现。它向前涉及旅游资源必须作为"原作"遗产被保护与传承，否则下代人可能没权享受而被前代人"用尽"。

再次，基本权利随着人类社会发展进步，会得到越来越充分的保障和实现。因不同国家、地区社会经济的差异，一部分未具备充分出游条件的

墨西哥海岸

人会随着经济生活的改善成为旅游者，而不能出游时，他（她）能有旅游的渴望等心理行为，这也是人之常情。同一个人在越来越充分的条件下，会旅游越远或多次旅游。另一方面，人类整体的旅游活动越来越强劲，这正是旅游被喻为"永远的朝阳产业"的根本原因所在。

第二，旅游是一种间歇性空间位移过程。

如果从旅游学的研究结论来看，旅游最本质的特征是人的主动的地域迁移，为旅游而旅游的地域流动。这种流动的深层原因是为了满足人类天生的普遍的对地方与地方之间存在的多种差异的探索和好奇心。空间位移整体上表现为常住地与旅游目的地间的相互运动，可以是常住地向旅游目的地移动，也可以是从旅游目的地返回居住地。在旅游过程中，空间位移也常常因在各个起运地和旅游目的地以及中途晚间住店等原因而产生众多间歇性暂停现象，这种停留对旅游经营活动的产生是极其重要而必要的条件。

三、旅游资源的绿色分类与保护

1. 什么样的旅游资源才算绿色

现有的旅游资源分类总体上主要考虑了其成因属性和市场吸引力，其间虽然含有一些可持续应用的内容，但不完整、不系统。旅游资源绿色分类的原则整体上就是可持续利用发展原则，可分解为以下几个部分。

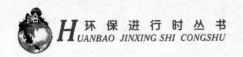
环
保
旅
游
中
的
点
点
滴
滴

(1)保护原则。可持续发展首先表现为资源存在的持续，即不能受到毁灭性和不可逆性的破坏；其次是利用的持续，利用只能是有限度的。旅游资源作为自然与文化的遗产，是一种特殊的公共资源，具有物质性和精神性的统一，在一定区域范围内的独特和无可替代性、不可再逆性，非人工再造和不可重现性，整体上不可再生。所以，无论是国际组织的文件、法规，还是国内的文件、法律都表明，旅游资源的保护是首要的。比如，按照《保护世界文化和自然遗产公约》的规定，世界遗产公约是为集体保护具有突出普遍价值的文化和自然遗产建立一个以现代科学方法制定的永久性的有效机制；为具有突出的普遍价值的文化古迹、碑雕和碑画、建筑群、考古地址、自然面貌和动物与植物的生存环境提供紧急和长期的保护。《中国风景名胜区形势与展望》绿皮书指出，风景名胜区的作用主要是：保护生态、生物多样性与环境；发展旅游事业，丰富文化生活；开展科研和文化教育，促进社会进步；通过合理开发，发挥经济效益和社会效益。环境保护是我国的基本国策之一。基本国策是确定一个国家发展方向的立国之策。把环境保护作为我国的基本国策，说明环境保护在我国经济社会发展中的地位、作用，更暗含了环境恶化到了威胁生存的程度。我国政府已把风景资源与矿产、土地、草原、森林、生物、野生动植物、水、海洋和气候一道列为十大予以保护的资源。它具有美学观赏、历史文化、科学研究和存在价值以及环境效益、经济效益和社会效益，是任何其他资源不能相比和替代的。保护以旅游资源的真实性与完整性为标准，包括生态环境的真实性和完整性，以及景观的文化审美等价值的真实性和完整性。

(2)旅游价值原则。旅游资源对旅游者的旅游价值，主要通过它蕴涵的美、古、名、特、奇等属性的差别而表现出整体价值的级差，即具有环境美、艺术美、科学文化功能、历史价值功能等的层次差别。这种差别同时是其保护力度层次差别的依据。

四川卧龙保护区的熊猫

(3)经济效益原则。可持续发展承认发展的必要性，合理的发展有利于持久的保护，保护又是为了更长远的发展。经济性也是所有资源的一个共有属性，旅游资源旅游价值越大，吸引力越强，所蕴涵的潜在经济价值越大。

旅游资源的绿色分类是以环境价值评估为依据和基础的，它不同于工业和农业资源的评估。工业资源是评估其品位和储存量、开采量及开采条件，然后作价得出潜在的经济价值。农业资源类似于工业资源的评价。而所有的旅游资源的价值评估，最根本的不是经济效益评估，而是按照珍稀、古老、典型、历史、多样性等指标评价或生态环境效益突出，或美学

艺术价值突出，或社会历史价值突出，或科学文化价值突出，或现代成就价值突出。这些价值在地域上和时间上常常相互叠加烘托，使得它们整合后的价值成倍增长，更加凸显。旅游资源开发中，潜在的经济价值是依存于前述价值之上的，或者说经济价值以前述的价值为资源而利用，这犹如

岳阳楼

生物学上的寄生现象，所以可以把旅游资源的经济价值看作一种"寄生价值"。深知这一点，对旅游资源的可持续利用是至关重要的。承认所有旅游资源是可以开发利用的，但这种利用应受到一定的限制，只是"其接待量必须限制在其容量所承受的范围，以便其自然构造物和文化信息得以保存"。

2.旅游资源的绿色分类

旅游资源可持续发展的一端是保护，另一端是发展，它们依靠旅游资源的价值为中介联系在一起，成为一个协调性的有机发展模式，即非经济

价值越高——保护级别越高——旅游吸引力越强——旅游经济潜在价值越大。根据这一模式，旅游资源的绿色分类有以下几种方法。

(1)保护价值——旅游吸引分类。《自然保护区条例》规定，建立自然保护区必须具备下列条件之一。

①具有代表不同地带的典型的自然地理区域、有代表性的自然生态系统区域以及已经遭受破坏但经保护能恢复的同类自然生态系统区域。

②珍稀濒危野生动植物物种的天然集中分布区域。

③具有特殊保护价值的海域、海岸、岛屿、湿地、内陆水域、森林、草原和荒漠。

④具有重大科学文化价值的地质构造，著名岩溶、化石分布区，冰川，火山，温泉等自然历史遗迹和重要水源地。

⑤经国务院或省、自治区、直辖市人民政府批准、需要予以保护的其他自然区域。

自然保护区是指对有代表性的自然环境和生态系统、珍稀濒危野生植物物种的天然集中分布区、有特殊意义的自然遗迹等保护对象所在的陆地、陆地水体或者海域，依法划定一定面积予以特殊保护和管理的区域。目前，我国自然保护区的类型主要有资源管理型自然保护区、自然遗产型自然保护区、科研型自然保护区、风景名胜型自然保护区、文化景观型保护区等。

(2)根据保护强度——价值层次分类。风景名胜区是指风景名胜资源集中、环境优美、具有一定规模和观赏、游览条件及文化或科学价值，根据法律规定的标准和程序，经政府审定命名，划定范围，供人们游览、观

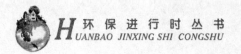

赏、休息和进行科学文化活动的区域的总称。

森林公园是指森林景观优美，自然景观和人文景观集中，具有一定规模，可供人们旅游、休息或进行科学、文化、教育活动的场所。

事实上，自然保护区、风景名胜区和森林公园，从保护强度的角度来看，各有侧重。

(3)根据人文与自然的协调度划分。如果把地球45亿年的历史比做一天的话，人类不过是一天24小时中最后那不到一分钟里的奇迹生命，而这种生命对地球非持续影响主要是工业革命以后，在时间上几乎可以忽略不计的两百多年。所以，地球在人类之前可以被视作是原生的和纯自然的。可持续发展所追求的是一种更高层次的人与自然的协调和共同发展目标，基本的思路是借助科学与技术，"纠正工业文明的偏差"。经济物质摩天大厦上的人们不能离地越来越远，而是需要更坚固的"地基"，人的头、

天池

手脚乃至灵魂仍然是自然的一部分，更需要融入自然中。人文旅游资源与自然旅游资源相互衬托，相映生辉，二者结合的景观质量高于单项资源的景观质量。比如峨眉山的遇仙寺，它因形借势，借洞立意，将寺庙建筑与自然岩洞融为一体。遇仙寺位于仙峰寺和洗像池的中间。这是一块弹丸之地，四处悬崖峭壁。上下都很险，上行是直插云霄的钻天坡，下行是深邃莫测七绕八转十三道拐的长寿坡。从地理位置看，这儿正是稍息继行之地，但又不能修建太大的建筑体。这儿有一个虽然不太深但却有几分秘妙的岩洞。聪明的古代建筑师便靠山岩修筑寺庙，并将佛堂的中心线正对着岩洞，使岩洞成为佛堂的自然延伸。人们无论是上行还是下行，都必须穿庙而过，庙门却对着"仙洞"，洞内云烟缭绕，佛像隐现其间，恰似"遇仙得道"，遇仙寺便"名副其实"了。类似的例子很多，如昆明的西山风景区有一山洞让人穿洞而出，在半山崖上观万波碧顷的滇池，使人充分领

大溶洞

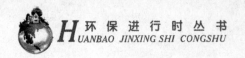
会这一道教建筑所蕴藏的"别有洞天"的美妙含义。

人文因素与自然旅游资源不和谐的现象在现代旅游开发中时有发生，被报道的例子也不少。

 四、低碳旅游之快乐生态旅游

生态旅游萌发于20世纪80年代，作为学术性专业词汇的生态旅游首先出现于1983年，提出者是国际自然保护联盟特别顾问——墨西哥专家贝洛斯·拉斯喀瑞。1986年在墨西哥召开的一次国际环境会议上对生态旅游进行了专题讨论，被得到正式确认，但概念一直存在争论，据研究，国外有20多个定义，代表性的有："去往相对原始的地区或未污染的自然区的旅行活动，其目的是研究、欣赏和品味自然风光、野生动植物及当地文化遗迹。

"生态旅游是以欣赏和研究自然景观、野生生物及相关文化特征为目标，为保护区筹集资金，为当地居民创造就业机会，为社会公众提供环境教育，有助于自然保护和可持续发展的自然旅游。"

生态旅游是一种符合以下四个条件的旅游方式：①以相对没有受干扰的自然区域为基础；②不会导致环境破坏和环境质量下降，在生态上是可持续的；③对自然旅游区的持续保护和管理有直接贡献；④有一个充分适宜的管理制度。

生态旅游是"以大自然为基础，涉及自然环境教育、解释与管理，使之在生态上可持续的旅游"。

"为了解当地环境的文化与自然历史知识，有目的地到自然区域所做的旅游，这种旅游活动的开展在尽量不改变生态系统完整的同时，创造经济发展机会，让自然资源的保护在财政上使当地居民受益"。1993年9月在中国北京召开的第一届东亚国家公园自然保护区会议上，把生态旅游定义为：倡导爱护环境的旅游，或者提供相应的设施及环境教育，以便旅游者在不损害生态系统或地域文化的情况下访问、了解、鉴赏、享受自然及文化地域。

美丽的田园

1999年，Ercan Sirakaya，Vinod Sasidharan和Sevil Sonmez在对以往有关生态旅游定义回顾与评论以及通过对美国282个生态旅游经营者的调查，从供给视角对生态旅游作了如下定义：生态旅游是一种非消耗性、教育性、探险性的新型旅游，其目的地是那些自然风景异常优美，文化和

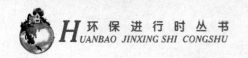
历史意义突出且几乎未受人类干扰破坏的地区，旨在欣赏当地的自然、社会文化历史。

在国内也有多种定义。

"以生态学原则为指针，以生态环境和自然环境为取向所开展的一种既能获得社会经济效益，又能促进生态环境保护的边缘性生态工程和旅游活动"。

以自然生态和社会生态为主要旅游吸引物，以观赏和感觉生态环境、普及生态意识和知识，维护生态平衡为目的的一种新型旅游产品。

以上定义中至少有四个共同点：第一，以优美的生态环境为旅游对象；第二，以环境教育为旅游目的；第三，生态旅游的内容，包含社会文化生态的内容，即人文旅游资源总是烙上自然地理环境的印记；第四，不损害原有生态环境或生态系统。

由于追求原汁原味，所以生态旅游在自然方面侧重于自然保护区。社会文化方面更倾向传统农耕文化与特色独具的民族文化和土著文化。这导致生态旅游流的规律在国际上整体是由发达国家指向发展中国家，国内则由发达区域指向未开发区或欠发达地区。

严格意义上的生态旅游，旅游景区点的管理者和导游都应懂得生态学方面的基础知识，特别是要熟悉资源区所在的生态知识。旅游者应具备环境知识，并在景区内有引导地在严格限定的区域内旅游，还要求不损害自然生态环境和当地文化，自行将生活垃圾带出旅游区域并按规定处理掉。国际生态旅游者表现出人口统计学特征上的多项差异，比如男、女对某一项特定旅游活动的差异，而在文化水平方面生态旅游者远高于普通旅游者。据伊格尔斯1995年的调查，加拿大一般旅游者中有20.7%的人具有大学文化程度，而生态旅游者中高达64.9%。怀特1994年的调查结果则是：一般生态旅游者中，有75%的人上过大学，而有经验的生态旅游者中的比例则高达95%。

总之，生态旅游是一项获取自然科学知识和社会文化知识为目的的高品位旅游，旅游者需要比普通观光游客进行更充分的游览准备，导游人员和管理中心不仅向游客介绍景区独特优美的风光资源，更要介绍其生态科学内容，以及科学游览方法、与社区民众交往的注意事项等。旅客行为的无污染和对生态与社会文化的无损害。开发上低度开发，仅提供简单的游览条件，基础设施投资约相当于传统旅游的五分之一到四分之一左右。对游客实行定线、定点、定时、定量"四定"管理，达到"合目的性与合科学规律性"的统一。

干净的街道

生态旅游在世界旅游业中的地位越来越突出而且日益受到重视，但由于概念理解的差异，导致生态旅游的经济学评估统计的较大差异。1998年，世界生态旅游

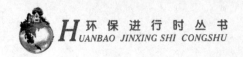
大会估计全球约有200亿美元的生态旅游产值。鉴于生态旅游有泛化和经济作用被扩大的危险，世界旅游组织等在《议程》中明确告诫道："生态旅游，就其根本意义上讲，在全球旅游市场上只占据一个很小的份额。现在对这个市场的估计差别很大，其比重在30%～7%之间。"

国内生态旅游是从自然保护区开始的，而且主要是进行科学考察、结合专业教育实习，实际上是一种较严格意义的生态旅游。我国的卧龙大熊猫自然保护区是较早开展这种旅游及其研究的旅游目的地之一，20世纪80年代开展，区内设有展览中心、熊猫繁殖研究中心，备有一些专项研究资料著作。1988年中心还特别邀请澳大利亚的琼斯·戴维斯女士对到卧龙的旅游者和科学工作者进行了调查，为科学保护和开发利用提供规划依据，可以说，这也是国内最早有目的开展旅游市场行为调查的工作。当时的调查结果表明：旅游行为具有明显的时空波动，而且旅游范围、旅游季节、旅游意识和旅游需求均表现出一定的规律性，即通常国外及港、澳、台地区的游客热衷于徒步旅行，涉足范围广，对旅游小册子需求较高，旅游时间具有随机性，自然保护意识较强；国内旅游者喜欢带车旅游，限于指定的观光景点，旅游需求以吃、住和土特产品为主，自然保护意识相对较弱，旅游时间大多

澳门

集中在夏季时节；而所有旅游者都对野生动物和动物标本感兴趣，但对野生植物和植物标本不够关心。

我国具有开展生态旅游的丰富资源，仅从自然保护区来看，自1956年设立鼎湖山自然保护区开始，截至1999年底，全国建立各类自然保护区1146个，总面积8815.2万公顷，相当于陆地国土面积8.8%。其中国家级自然保护区155个，面积5751.15万公顷。其中鼎湖山、卧龙、长白山、武夷山、梵净山、锡林郭勒、博格达峰、神农架、盐城、西双版纳、天目山、茂兰、九寨沟、丰林、南麂列岛等15个自然保护区被联合国教科文组织列入"国际人与生物圈保护网"，扎龙、向海、鄱阳湖、东洞庭湖、东寨港、青海湖和香港米浦等7个自然保护区被列入《国际重要湿地名录》，九寨沟、武夷山、张家界、庐山等4个自然保护区被列为世界自然遗产或自然与文化遗产。

生态旅游在20世纪90年代被正式引入国内，特别是在国家旅游局将1999年定为中国生态旅游年和2002年被联合国定为国际生态旅游年的推动下，这些旨在引起民众对环境的重视，加强环境意识和教育的善举，却使生态旅游存在一种泛化的危险。在中国生态旅游年来临之际，中国人与生物圈国家委员会对全国100个省级以上的自然保护区作了一次调查，结果显示：其中有82个正式开办旅游，年旅游人次在10万以上的达12个。已有22%的自然保护区由于开展生态旅游而造成保护对象的破坏，11%出现旅游资源退化。已开展旅游的保护区中，仅有16%定期进行环境监测工作，有的则对旅游会对生态环境带来什么样的影响一无所知。根据科学监测，对游客数量进行控制的保护区仅占20%。另外，竟然有23%的保护区的核

心区也有旅游活动。中国的生态旅游刚刚起步，缺乏严格科学的规范。从旅游从业人员和国内游客的环境科学知识、环境意识等方面考察，中国至今缺乏生态旅游，却赶时髦地以生态旅游的牌子大搞旅游促销，结果带来更大的现实与潜在的危害。

生态旅游产品开发中，存在一些急待澄清的问题。

首先，生态旅游就是可持续旅游的趋势。在实践中表现为发展可持续旅游，就是大力发展生态旅游。其实二者的差别是巨大的，世界旅游组织也仅承认生态旅游是整个旅游的一小部分。中国人至今存在比较浓厚的计划经济思维模式，什么好使使什么，不问究竟一哄而上。这是需要在新一轮旅游开发中警惕的。

英雄沟

其次，在好的环境，特别是在自然保护区或生态农业区范围内的旅游是否就是生态旅游。生态旅游者和普通观光客在表面上看不出什么差别，他们走在同样的道上，游在同一片景区，处在同一景观面前，但二者的游览目的不同，游览的行为方式不同。目前众多的景区和旅行社却没有这种区分，生态旅游对他们来说是万能的品牌。

再次，生态旅游是新世纪旅游的主流方式，主流产品。若从科学生态旅游的含义出发，严格照办，很显然是不能实现这样的"宏愿"的，观光旅游才是旅游产品中的"永远的朝阳产品"。

在自然保护区开展生态旅游，是国内旅游界的热门话题。卧龙自然保护区是国内开展生态旅游比较成功的保护区之一。卧龙1980年加入联合国教科文组织——"人与生物圈保护区网"，位于四川省阿坝藏族自治州的汶川县境内，距成都约134千米，全区总面积2000平方千米。以保护高山自然生态系统和大熊猫等珍稀动植物为主。其主要经验是：第一，在深入研究游客行为和保护区生态环境的基础上，科学设置旅游景观区。旅游景观设置在实验区和缓冲区的镶嵌耦合地带，如英雄沟、银厂沟、正河沟等景点。第二，充分展示生态多样性和生态规律性。建设了介绍保护区野生生物资源和生态环境的自然博物馆、动植物标本室。室外专门设计了从木江坪到巴郎山长约110千米的能观赏植被水平和垂直分布规律的游览线。第三，区内的任何活动都以不影响野生动植物的生长发育为宗旨。比如根据大熊猫的生活习性和繁殖规律，进行旅游管理。大熊猫繁殖期严格控制游客数量和涉足区域，旅游高峰期安排在野生动物的非繁殖季节。

五、低碳旅游之开心乡村游

乡村旅游，亦称农业旅游，是指以农业文化景观、农业生态环境、农事生产活动以及传统的民族习俗为资源，融观赏、考察、学习、参与、娱

乐、购物、度假于一体的旅游活动。东亚国家称之为农业观光。

欧美国家的旅游者称乡村旅游为"绿色度假"，主要有两种方式：第一，休闲观光式，游客住在农民家中，观赏农庄周围的自然风景和农舍，到附近不加任何修饰的小池塘里游泳、钓鱼，学习农家制作面包、奶酪、果酱、葡萄酒的手艺，吃农民自产自制的新鲜食品，通过感受农家的生活来增加对自己的认识。第二，务农旅游，即参与各种农业劳动的度假方式。务农旅游是否付费给游者各国不一。日本要求付费劳动，美国西部专门用于旅游的牧场上，旅游者放牧可以拿到牛仔通常的工资，以资助自己的旅游费用。大多数国家则是既无报酬也不付费的劳动。匈牙利与波兰是乡村旅游开发时间长久且很有特色的两个国家。匈牙利的乡村旅游在20世纪30年代就曾闻名，其特点是与文化旅游紧密结合起来，使旅游者在领略风景如画的田园风光的同时体味几千年历史沉积下来的民族文化。波兰则将乡村旅游与生态旅游紧密结合，活动内容与其他国家一样，但参与接待的农户全都是生态农业专业户，一切活动在特定的生态农业旅游区内进行。到1996年，波兰全国有450家生态农业专业户参加了乡村旅游的接待工作，生态农业旅游总面积超过4000公顷。

乡村旅游在发达国家是一种较高层次的旅游行为，其最稳定的客源主体是受教育水平较高、经济条件也很好的人。他们选择乡村度假，不是为了收费低廉，而是为了找回和感受曾经失落了的净化空间和尚存的淳厚的传统文化氛围。他们追求劳动快乐和精神享受。

乡村旅游也是发达国家比较稳定的主要旅游方式之一。1998年，33%法国国内度假者选择了乡村旅游，仅次于海滨度假的44%的比例。据法国小旅店联合会统计，在1999年之前的7年中，一直采用乡村度假方式的度假者占44%，主要采用这种方式度假的旅游者占72%。更有15%的度假者每年都在同一地方度假。

20世纪80年代末至90年代初，我国北京、四川、浙江、江苏等地开始出现乡村旅游。例如四川成都的果蔬基地龙泉驿，利用成片的水蜜桃林，在春季桃花盛开满山含笑时吸引成都市民赏花观光，而桃熟时则用自选采摘、现购新鲜水果的参与性旅游方式吸引顾客。江苏省旅游部门开辟了古运河旅游线，将江南水乡与里下河水乡连于一河，将吴越文化与淮扬文化牵于一线，游人可沿河观赏江南千顷秧田，里下河万亩菜花，欣赏江南昆曲锡剧吴哥号子，江北评话淮音放鸭民谣，古老的风车、水乡的屋舍、繁荣的贸易市场、风味独特的民间小吃等，使游客流连忘返，曾被中外游客誉之为"神奇的旅游线"。江苏无锡市精心设计旅游线路，尽情展示自己的特色，游客根据游线深入农村乡间，观赏水乡画境，体验民情风俗，参观村庄田园、耕作收割、养鸡放鸭、节日欢庆等一切劳动生活，并让旅客住宿农家、穿街走巷、游览市场、与农家座谈、亲自操作古老传统的农具、与农民到田间一起劳动等。

乡村旅游目前几乎遍布全国，但与当初相比有以下新的变化。

(1)纳入旅游规划，建设乡村旅游景区。比如深圳市旅游规划中就包括了海上田园风光旅游区建设产品。其规划设计充分体现了与自然共生共荣的哲学理念和现代人类追求返璞归真的强烈愿望的结合，自然生态美和人文创造美的结合，田园享受感和环保责任感的结合以及静态景观展示和动态活动参与的结合。在建设上营造以珠江三角洲水乡基塘生态为基调，强化与城市文化的差异和互补，将水乡生态园林与乡土文化建筑、旅游业、农业、养殖业和生态娱乐文化结合在一起，对一个传统的渔农文化的初级生态环境，运用现代生态理念和旅游文化进行第二次改造，形成一个高品质、高水平、高创意、自然要素和人文要素相互融合的，适合现代人消费需求的，以农业生态文明为核心主题，融度假旅游产品、观光旅游产品和专项旅游产品为一体，具有五大主题文化的超大型旅游景区。

乡村的烤虹鳟鱼

（2）调整优化农业产业结构，将乡村旅游与农业生产、农民增收结合。如山东枣庄准备成片建设万亩枣树林。云南罗城有目的地调整农作物的栽种布局，某一类作物相对成片种植，然后在整体上形成锦绣图案效果，增强旅游吸引力。

（3）统一规划。现代新农村集镇建

设，形成新的农村人与自然协调统一的景观资源。如号称中国第一村的江苏江阴县的华西村，以自己翻天覆地的村镇经济新景观为旅游资源发展旅游业，旅游业成为谢村致富后重要的新兴经济产业，其旅行社已进入中国国内旅行社的前二十强之列。

(4)古乡村民居文化旅游异军突起。传统的乡村民居比较充分体现了中国传统文化中"天人合一"的理念，在生产生活方面与自然环境达到了某种诗意的和谐而被现代人憧憬，如江南的周庄、同里，安徽的西递村等。其中周庄在2000年获得了国际迪拜改善居住环境最佳范例奖，这是一个由联合国人居中心创立，意在表彰世界各国在城镇规划、城镇基础设施建设、自然环境保护以及改善居住环境等方面的先进范例的国际奖项。

六、低碳旅游之环城市度假旅游

2001年在四川乐山召开了"中国乐山首届环城市旅游度假带研讨会"，会议由国家旅游局主办，乐山市承办，参加会议的人员来自国家旅游局、北京大学、湖北大学、四川大学、西南交通大学、乐山师范学院的学者及杭州宋城集团等多家企业。会议就环城市度假的概念、产生的原因、分布与运行规律进行了探讨。

1.环城市度假旅游的概念

环城市旅游度假产品是一种分布在城乡结合部，集休闲、观赏、度假

多种功能为一体的产品。一般认为它是随中国的"农家乐"产品规模化和规范化建设而诞生的，是一种高层次的"农家乐产品"。

农家乐

2.环城市度假旅游的特点

第一，按照环城市度假产品分布的规律性不难发现，环城市度假产品首先分布在城乡结合部，具有"亦城亦乡"的特点，环境优美，进退自如，如一种"半隐半世状态"，前可以进城观光采购，后可从事乡村旅游的一些内容。具有环城市的特点或以城市为核心，呈同心圆或扇形分布的空间结构。

第二，客源市场的明确性，以所在城市的市民为主要客源。

第三，旅游功能的综合性，含休闲、观光、度假于一体，以周末短期度假为主。

由此可见，环城市旅游度假产品不完全等同于乡村旅游，可从客源市场及游客行为、城郊同心圆或扇形分布等方面与乡村旅游区别开来。

3.环城旅游度假产品开发中的注意事项

第一，同时纳入城市和乡村规划。对城市而言，环城市旅游度假带是城市绿色走廊的构成部分，属于生态城市或城市生态化的一部分，需要根据城市发展规模、功能分工的预测，从城市功能分区等方面综合考虑。环城市旅游度假产品是一种城市化的新力量，但它不同于传统的城市化道路。环城市度假产品既要保持乡村的特色品位，又从乡村土地上脱颖出来，对农村土地用途、农作物栽培和其他农事活动、农业结构调整都有明确的深刻影响。

第二，主题性开发。这种主题性是依托本地乡村文化特色或农业文化特色的。

第三，功能分区。主要根据度假、休闲、观光等不同的游憩要求，在园区布局产品。

七、低碳旅游之静态旅游和地理旅游

1.什么是静态旅游

一般言之，旅游之态在于"动"，因旅游之"游"是"动"态的。为此，在人们的印象和感受之中，旅游是背着大包小包，出入旅店宾馆，坐飞机、乘火车，在各旅游景点之间东跑西颠，东照相，西购物，身疲而心倦、身动而心甘。静态旅游却与此相反。即当你为了忘记烦恼，躲开喧闹，带着憧憬，辟一处"结庐在人境，而无车马喧"的仙境，看一处飞流瀑布、踏一方红尘净土而赏心悦目之时，你便会顿觉静态旅游更美。于是，我们对于静态旅游有了一种新的热衷、新的憧憬。

静态旅游是德国人时下偏好的旅游方式，旅游者与家人或朋友结伴到人迹罕至的大自然中去静静地待一段时间，是一种休闲性的旅游。其特点是避开旅游热点到原始森林、草原、高山、河流和湖泊等纯粹的大自然中去。每次旅游不东奔西跑，只在目的地安营扎寨，悄悄停住几天，或住在房东家或帐篷里，自己烧火做饭，每个人按事先的预订完成各自的任务。任务通常按完成的难度有硬任务和软任务之分。带软任务的人，可以长时间坐在地上，静静地感受大自然，接受它赐予人类的恩惠，也可只为消除身体的疲劳和精神的苦恼和忧愁而来。他们在大自然的怀抱里默默地接受它的润泽，在风雨中沐浴，在阳光浴、空气浴、森林浴、江河浴和湖泊浴中治疗肉体与精神的创伤。带硬任务的人，或写生作画，或创作文学作品，或考察研究历史地理、矿物和动植物，或捕捉昆虫制作标本等，以旅游为学习方式，把大自然当作教师、教材，从大自然中获得创作灵感，并以学习为乐趣。

2.什么是地理旅游

美国国家地理学会主办的《国家地理旅游者》杂志定义地理旅游是：能够保护或促进旅游目的地的地理特点，如环境、文化、美学、遗产和当地居民的生活等的旅游。该杂志的社长Dawn Drew认为，地理旅游重视环境和文化，目的是使某一旅游目的地独特的东西得到保护。

美国旅游协会和《国家地理旅游者》杂志对全美8000个家庭的调查研究结果显示，美国目前有三分之一的旅游者可以称作地理旅游者，总数约5500万人，潜在的规模达1亿人。他

野外钓鱼

们将近三年至少进行过一次旅游的美国人划分成8种类型，其中有三种具有地理旅游性质，分别被称作"地理旅行家""城市新潮派"和"好市民"，人数分别为1630万、2120万和1760万。就旅游行为而言，前两者对文化和社会相关的旅游感兴趣，求知欲强，比一般人更愿意参加本社区的教育和文化活动，而且他们有较强的社会责任感和环保意识，比其他人更愿意为此付出资金和时间。其中"地理旅行家"更愿意参与环保性质的旅游，而"城市新潮派"则倾向于具有文化氛围的大城市。"好市民"的年龄在55岁以上，同样具有较高的文化和环保意识，但这些特点在旅游活动中表现不明显。

八、低碳旅游之可持续旅游

可持续旅游的概念缘起至今不明确，但国外文献只有可持续旅游而无"旅游业可持续发展"这一名词。按"Tourism"既有"旅游"又有"旅游业"的含义，"Sustainable Tourism"也可译为可持续旅游业。一般认为，可持续旅游是以旅游活动不破坏资源环境为核心目标，关心的是旅游活动的长期生存与发展，强调的是旅游活动的优化行为模式，以传播、培养旅游者具有可持续发展的科学观、伦理观为目的的旅游方式，诸如生态旅游、非大众型旅游等都是可持续旅游的具体形式。

根据可持续旅游的定义，前面所讨论的绿色产品只是其中的某一类或某一亚类产品，即使是最被看好的生态旅游产品也只是小部分，何况在地球三大生态系统的森林生态系统、湿地生态系统和海洋生态系统中，目前已有的生态旅游更侧重于森林生态系统。

可持续旅游产品的开发至今侧重于"可视性和易感性"强的自然或自然性很强的产品。与人文旅游资源产品相比，自然旅游资源更具有直观可感性，它的美是外显的，现今推出的可持续产品就具有了强烈的自然化与可视化的特点。

可持续旅游产品集中于优生态区域。如前所述，生态旅游似有对可持续旅游取而代之之势。可持续发展强调环境优化，强调改变现已破坏的生态环境，保护现存的未遭破坏或破坏甚微的优美生态环境，而沙漠等是恶生态区，森林与未遭污染的水域、湿地等是优生态的。所以，一谈可持续旅游，就不由自主地联想到在优生态系统区域发展旅游。

旅游城市

环
保
旅
游
中
的
点
点
滴
滴

　　可持续旅游开发追求古朴、原始文化或农耕文化。我们不反对古朴、原始文化或传统农耕文化甚至现代农耕文化包含可持续中的适度、和谐、人与自然相融的内容，但这不是可持续发展的全部。因为可持续发展还有发展的一面，发展的内涵之一就是进步与现代化。

　　由此可见，人类可持续旅游产品的开发才刚刚起步，还有许多内容值得挖掘。

　　就目前的状况而言，开发可持续旅游产品应当关注以下两个方面。

　　第一，人文旅游资源也是可持续旅游产品。

　　传统旅游产品与可持续旅游产品的形式与内容原则上是一致的，主要的差别是从旅游者的角度看：一是是否从可持续的角度去解读它的内涵，二是旅游行为是否是绿色行为，三是是否真正达到相关旅游目的。比如沙漠、落日与驼队形成的景观，从传统观光的角度欣赏，这是一幅雄厚辉煌的景观，可持续旅游者不仅会获得这种美，他会继续向前，他会"用心"去看到沙漠、落日与骆驼组成的和谐，会读懂骆驼只为沙漠而生而存在，读懂驼铃的声音从遥远的历史传来，骆驼的驼峰背负的是历史的文明；他会在与浩瀚沙漠的对比中，感到自己既渺小而又伟大，从而获得一次生命力的唤醒与加油……他有了这一段经历后自然会更加珍惜生命，包括自己的生命、动植物的生命，更加珍惜绿色与水。所以，可持续旅游更具有文化审美的特点，这就是生态旅游者与传统观光客的巨大差距。

　　人文旅游资源是人类发展史上的杰出成果，是发展的载体和见证者。这正如1964年制定的《威尼斯宪章》所规定的那样："一定要保证文物建筑的历史可读性，即将其看作是历史的见证和信息的载体。"古代文化是前辈的遗产在保护下的传承，它不是只留给我们这一代的，所以只有更好地保护，让它传下去，因为我们的子孙也有继承和享受她的权利。现代的成就虽由我们创造，但我们不应忘记"两位老师"，一位是大自然，特别是生物。譬如我们从太阳那里得到启迪发明了的核爆炸，而人类至今也处于仿生时代。另一位是祖先们。人类今日的智慧，是从祖先那里积淀继承发展而来。我们应该牢记伟大科学家牛顿的话："之所以比别人看得更远，是因为站在了巨人的肩上。"

历史上许多人文旅游资源能遗存下来，是因为它实现了"人与自然和谐"的结果，我们可以把这种"遗存理解为一种发展"。比如都江堰水利枢纽工程，历千载而不毁，包含了非常丰富的可持续内容。

第二，负面的东西也可以开发成可持续旅游产品。

比如组织游客参观严重污染的水体和未受污染的水体，会增强大家的环保意识。如果向北京人推荐一个到内蒙古种树种草的旅游项目，是可以得到认可的。南京大屠杀纪念馆，波兰的奥斯威辛集中营，都是人类历史上惨痛的反面教材，它不是教导参观者去学习恶性，而是借此唤醒人的良知和善心，希望人类彼此尊重和睦相处，和谐发展。旅游真正让旅游者观照到了人性，那是可持续旅游的最终极的一点。